U0175554

四川三线建设工业遗产
调查与研究

喻明红　著

汕頭大學出版社

图书在版编目（CIP）数据

四川三线建设工业遗产调查与研究 / 喻明红著 . --
汕头：汕头大学出版社，2022.11
ISBN 978-7-5658-4868-1

Ⅰ . ①四… Ⅱ . ①喻… Ⅲ . ①工业建筑－文化遗产－
调查研究－四川 Ⅳ . ① TU27

中国版本图书馆 CIP 数据核字（2022）第 216758 号

四川三线建设工业遗产调查与研究
SICHUAN SANXIAN JIANSHE GONGYE YICHAN DIAOCHA YU YANJIU

著　　者：喻明红
责任编辑：郭　炜
责任技编：黄东生
封面设计：优盛文化
出版发行：汕头大学出版社
　　　　　广东省汕头市大学路 243 号汕头大学校园内　邮政编码：515063
电　　话：0754-82904613
印　　刷：三河市华晨印务有限公司
开　　本：710mm×1000mm　1/16
印　　张：11.75
字　　数：200 千字
版　　次：2022 年 11 月第 1 版
印　　次：2023 年 2 月第 1 次印刷
定　　价：78.00 元
ISBN 978-7-5658-4868-1

前　言

随着新型城镇化的推进，我国小城镇进行着轰轰烈烈的大规模、快速建设。尽管我国出台了《中华人民共和国城乡规划法》《村镇规划编制办法（试行）》《村庄和集镇规划建设管理条例》等，但在实际操作中无序建设、风貌破坏等现象屡见不鲜，存在小城镇地域特色与集体记忆面临现代化挑战等问题，一些地区的生态环境与建成环境品质堪忧。小城镇成了新型城镇化的短板。此时，需要新思想、新理念以及相应技术指南、机制与政策来填补宏观政策规划与微观建设需求之间的空隙。

"十三五"规划纲要明确提出了中小城镇"特色明显、充满活力"的建设目标。2016 年 10 月，住房和城乡建设部公布了 127 个第一批中国特色小镇名单。住房和城乡建设部、国家发展和改革委员会和财政部下发了《关于开展特色小镇培育工作的通知》，要求到 2020 年，培育 1 000 个左右特色小镇。特色小镇主要融合产业转型升级、文化资源挖掘、旅游品牌打造等功能，成为传承文化和推进城乡统筹的平台。由此可见，文化资源的挖掘与利用对特色小城镇的营造尤为重要。因此，拯救与活化普遍存在于保护名录之外的富有集体记忆、维系地方文化认同感的历史性场所成为当下推进特色小城镇发展的一种共识。

有生命的地方必定存在着记忆，无论是聚落、村庄还是城市，都靠着记忆的传承将历史、文化、风格、景观定格在每一个时间片段上，给后来人以充分的想象和感叹。这种记忆场所见证了人类的往昔、聚落的起伏、城镇的兴衰。

记忆场所（memory place）是指保留和繁衍集体记忆的地方，由于人们的意愿或者时间的洗礼而变成群体记忆遗产中的代表性场所，包括历史性建筑、景物、场地空间及其承载的仪式性活动与历史故事。此概念 1978 年由法国历史学家皮埃尔·诺哈提出。记忆场所通常包括国家、民族、群体三个不同层面，具有普遍性、多样性、离散性等特质。相比官方认定的、纪念碑式的建筑遗产或者成规模的历史地段来说，地方性的记忆场所更具普遍性、多样性，更贴近百姓的社会生活与文化情感。通过保护、利用具有群体记忆的多层次的记忆场所网络，使不同群体之间、群体与以往社会生活之间建立关联，使记忆场所获得人们的情感依恋与价值认同，使人们在社会变迁中感受到现有生活的丰富与美满，促进社会的稳定与和谐。

三线建设是 1964 年党中央确立的以战备为中心的国家建设大战略，在中国社会主义建设史上写下了光辉的篇章。三线建设是中华人民共和国成立以来国家建设的伟大战略决策，国家共投入三线建设资金 2 052 亿元，历时 15 年，在中西部地区 13 个省、自治区建成以国防工业、基础工业为主的近 2 000 个大中型工厂、铁路、水电站等基础设施和科研院所。三线建设涉及西南、西北和中南三线，其重点在四川、贵州、云南等西南地区，项目投资占全国三线建设的三分之一，其中四川占全国三线建设投资的四分之一。

从 20 世纪 80 年代开始，大部分三线单位陆续迁离旧址，遗留下来的大量三线厂房、仓库大多还具有正常运转的能力，却被闲置或丢弃。这些存留下来的建筑、工艺设备、场地空间等是工业文明和技术文明的见证，是特殊年代人们的记忆场所。同时，三线建设者身上所展示出来的精神文化遗产是一笔无形的宝贵精神财富。三线建设工业遗产烙有时代印记，特色鲜明，具有历史、文化、社会、科学等多方面的价值，如何利用这笔丰富的工业遗产，值得我们深入思考和研究。三线建设工业遗产分布广，资源丰富，拥有丰富的历史建筑、景物、场地空间等记忆场所，承载着三线人以及地方居民的集体记忆。三线建设工业遗产资源的保护与合理利用对我国的特色小城镇建设有着不可忽视的价值。

本书通过对四川三线建设工业遗产记忆场所进行调研、分类、活化模式研究、保护和活化机制研究，针对不同类型的三线建设工业遗产，提出重点保护与利用、一般保护与利用的名录，并组织相关人员为其制定保护与活化规划方案和策略。

目 录

1 四川三线建设工业遗产调查

　　为了解三线建设工业遗产的特征，本研究采用资料收集、现场调研等方法，对四川省内 200 余处三线建设工业遗产进行了调查。调查内容包括三线建设工业遗产的名称、地址、始建时间、工业门类、发展历程、遗产现状、再利用情况等。

　　通过调研发现，四川省内三线建设工业遗产主要分布在铁路和江河沿线，集中在成都平原、攀西、川南、川东北 4 个地区，重点集中在成都、攀枝花、乐山、峨眉山、德阳、西昌、广元、泸州、自贡、江油、汶川等城市。从工业遗产的门类来看，其包括军工、冶金、机械、电力原煤、电子建材、天然气、化工、医药、核工业、航空、发射基地等门类齐全的工业体系，其中重工业所占比重大。重点企业包括攀枝花钢铁公司、渡口水泥厂、成都量具刃具厂、成都无缝钢管厂、四川仪表厂、四川抗菌素厂、东风电机厂、长征制药厂、乐山冶金轧辊厂、中国第二重型机械厂、东方汽轮机厂、峨眉水泥厂、峨眉铁合金厂、广元 801 总厂、长江挖掘机厂、长江起重机厂、长城钢厂、映秀湾水电站等。受不同外在因素的影响，四川省三线建设工业遗产保存以及发展参差不齐，本研究选取了一些代表性遗产进行了详细资料调研和实地勘察调研。

1.1 资料调查

1.1.1 达州三线建设工业遗产

1.1.1.1 航天工业基地总部

（1）历史沿革：1964年始建于甘肃天水，1966年搬迁到四川万源白沙镇，20世纪90年代，航天基地及下属厂区搬迁至成都龙泉驿，原址废弃，移交地方管理。

（2）遗产构成：航天基地旧址由办公区和生活区构成。原单位已全部从旧址搬迁，旧址办公区现处于废弃状态。整个基地保存较完好，整体格局未变动，大部分建筑物保存良好，结构和外立面均无较大损坏。生活区位于办公区对面，仅隔一条公路，由一个大院组成。该基地旧址有3栋建于20世纪70年代的4层青砖单元楼、1栋建于20世纪70年代的4层青砖外走廊式单身宿舍建筑、1栋建于20世纪80年代的5层红砖单元楼、1栋建于20世纪80年代的2层红砖文体活动室、1处面积约300平方米的街心花园。

（3）再利用状况：目前，大部分建筑已被当地居民购买和使用。

1.1.1.2 平江仪表厂

（1）历史沿革：平江仪表厂也称7301研究所，隶属于062基地。1966年兴建于万源平滩镇，1970年投产，2002年左右全部搬迁至成都龙泉驿，旧址移交地方管理。

（2）遗产构成：该厂整体位于一座山坡上，北靠仙女山，紧邻铜体河，分为厂区和生活区两部分。平江仪表厂由机动科办公楼、维修加工车间、精密加工车间、热处理车间、冲压车间、表面处理车间、化学处理车间、计量室、保密室、通信站以及招待所、宿舍、体育场、食堂等配套设施组成。该厂整体格局、建构筑物均保留完整，但是生产区有5栋建筑贴上了瓷砖，对原有建筑风格有较大破坏（图1.1、图1.2）。

图 1.1　平江仪表厂旧址整体布局

（图片来源于网络）

图 1.2　平江仪表厂旧址建筑风貌

（图片来源于网络）

（3）再利用状况：该厂旧址曾经被四川银康生物有限公司整体租用。目前，生产区建筑再使用率较高，达州市达州区祥弘大米加工厂、当地一家木材加工厂等企业在原有建筑内进行生产。

1.1.1.3　铜江机械厂

（1）历史沿革：铜江机械厂位于达州市石坂镇。始建于1966年，1980年开始研制、生产轻型农用汽车。20世纪90年代，铜江机械厂整体搬迁，旧址废弃。

（2）遗产构成：铜江机械厂的建筑多依山而建，依据地形的高低起伏布局，包括原有的食堂、工会、粮站、职工楼等建筑。整体格局以及建筑保存较完整（图1.3、图1.4）。

图1.3　铜江机械厂旧址依山而建
（图片来源于网络）

图1.4　铜江机械厂旧址建筑
（图片来源于网络）

（3）再利用状况：目前，生产区被一家煤矿企业使用，生活区建筑多被煤矿职工居住。

1.1.1.4　明江机械厂

（1）历史沿革：明江机械厂是062基地的附属工厂，位于达州市通川区磐石镇。始建于1970年，于20世纪90年代末整体搬迁，以往热闹的工厂已荒废，山区又回归原有的宁静。

（2）遗产构成：厂区占地面积22万平方米，建筑面积8.5万平方米。厂区由生活区和生产区组成。厂房、职工宿舍、医院、商店、对外联络信箱、学校、职工食堂、大礼堂、职工俱乐部一应俱全，保存较好（图1.5、图1.6）。

图1.5　明江机械厂旧址鸟瞰

（图片来源于网络）

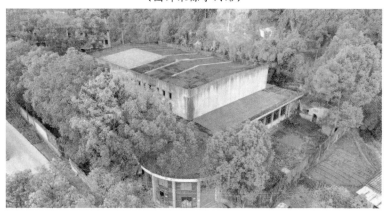

图1.6　明江机械厂旧址厂房

（图片来源于网络）

（3）再利用状况：目前，厂房分别被木材厂、食品厂和养殖场替代，几十栋职工宿舍大部分处于闲置状态，一部分用于淀粉加工厂及其职工宿舍，一部分用于村民养殖家禽。

1.1.1.5　万源发电厂

（1）历史沿革：万源发电厂始建于1966年，是与062航天工业基地配套的能源动力基地，1971年建成投产。该厂原属于国电达州发电有限公司，约在2009年被移交给地方，成为青花炼铁厂下属的一个动力车间。

（2）遗产构成：该厂生产区、办公区、生活区之间没有明显的界限。生活区主要分布于沿后河的山谷坡地上，生产区、办公区分布于与后河垂直的一条小河两边的山谷里。目前有4栋废弃办公建筑、2栋单身宿舍、1个灯光球场、3处仓库/库房等。

（3）再利用情况：建筑除少数被电厂留守职工居住外，其余大部分已经移交地方后被当地居民购买、居住。

1.1.1.6　烽火机械厂

（1）历史沿革：烽火机械厂位于达州市胡家镇，隶属062基地配套厂，筹建于1966年，占地面积29.57公顷。鼎盛时期职工约有3 000人，于1991年开始迁出，2000年左右完成全部搬迁，原址废弃。

（2）遗产构成：厂区位于宣汉深山里，进出山只有一条道路。原厂包括生产区、功能区、生活区。目前，该厂生产区、办公区以及生活区保存较好。该厂有用条石作为材料的建筑约5栋，遍布厂区道路两侧的梧桐树均有30年左右的树龄，绿树成荫，环境优美（图1.7、图1.8）。

图1.7　烽火机械厂旧址绿树成荫
（图片来源于网络）

图 1.8　烽火机械厂旧址烟囱

（图片来源于网络）

（3）再利用情况：该厂旧址大部分被中国石化集团中原石油勘探局西南钻井公司租用，其中，1 栋 4 层办公楼被中国石化集团中原井下普光试气酸压项目部使用，1 栋 3 层办公楼被中石化中原石油勘探局西南钻井公司使用。此外，还有很多老厂房、仓库被中石化所属单位用于放置器材或安置职工居住。该厂生活区部分被当地居民买下并居住，部分被石油系统职工租住；原子弟小学、子弟中学均已移交地方，成为当地管理的小学和中学；原工厂俱乐部保留完整，被当地老龄协会使用。2017 年，电影《非请勿入》在此厂拍摄。

1.1.1.7　竹江机械厂

（1）历史沿革：竹江机械厂始建于 1966 年，隶属航天基地，20 世纪 90 年代末厂区搬迁，原厂废弃。

（2）遗产构成：该厂旧址位于一个山谷中，背靠铜锣山，前临乌木水库，厂房、宿舍、篮球场、职工礼堂等主要建构筑物沿着一条呈 U 字形的公路分布，在 U 字形布局的顶端有一条山溪横穿，通过两座桥梁连接山溪两岸。原生产厂房、办公大楼与职工住宅布局混杂，没有集中的生活区域。整个厂区古木参天，环境优美。所有建筑使用的材料均为青砖。因地形复杂，建筑布局因地就势，具有川东山区建筑布局特色（图 1.9、图 1.10）。

图 1.9　竹江机械厂旧址大门

（图片来源于网络）

图 1.10　竹江机械厂旧址研究室

（图片来源于网络）

（3）再利用情况：目前，该厂旧址已经全部被重庆新世纪教育（集团）有限公司收购，成为达州百岛湖职业技术学校的校址。其整体格局丝毫未变，但部分建筑物因为用途的转变而进行了必要的翻修，对单体建筑的外立面和原有风格有所影响，而单体建筑的结构均完好无损，只有少数建筑因学校资金、设备尚未到位，暂时处于未充分利用状态而略显破败。

原职工住宅被改建为学生和教师宿舍，增建了必要的设施（如卫生间和相应的排水设施），进行了必要的整修。值得指出的是，整修后的建筑面貌焕然一新，但是并没有丧失其原有的建筑风格，从建筑保护的角度来看，其整修工作恰到好处；原生产厂房和仓库的一部分被改建为办公楼兼教学楼，一部分被改建为各类实训场地，还有一部分被改建为体育馆、图书馆、超市等服务设施。

1.1.1.8 达州三线建设工业遗产价值

（1）历史价值：达州三线建设工业遗产见证了中国的发展历程并带动了地方经济发展。万源航天工业基地属于国家战略部署，给万源发展带来了机会。该基地落户万源后，为帮助地方经济以及社会发展，基地从资金、物资、设备、技术等方面均给予了大力支援，为万源的经济发展以及精神文明建设做出了巨大贡献。

在交通建设方面，襄渝铁路万源段 1978 年 6 月 1 日正式由郑州铁路局安康铁路分局万源车务段接管营运，万源段铁路营运里程 94.972 千米（含万白铁路），有 7 个三、四级火车站。随后又修建了青花铁厂专用线、发电厂专用线和官渡乡镇企业专用铁路线，为万源资源开发打下了基础。随着汉渝公路、万白路的加宽改造，加快了市、乡公路和企业专用道的建设。四通八达的交通网络改变了万源过去交通落后的面貌，突破了制约万源经济发展的瓶颈，为加快山区经济发展奠定了基础。

在电力发展方面，利用万源水力资源丰富的优势，大力发展水电事业。到 1993 年，万源建成小水电站 50 处，装机 60 台、7 259 千瓦，年发电 2 836 万千瓦·时，架设高、低压输电线路 2 441 千米，不仅让 42 个乡（镇）281 个村 73 083 户农村居民用上了电，还保证了企业用电，加快了企业发展的步伐。

在工业建设方面，万源航天工业基地投资建成了万源机制砖瓦厂、万源水泥厂、东风坝水泥厂、白沙水泥厂和八台水泥厂，所产砖瓦、水泥既满足了基地建设所需，也支援了乡镇企业发展。该航天基地投入大量资金打深井、修水池，架电线，修建给排水系统和供电系统，不仅解决了工厂用水和用电问题，还解决了附近农民生产生活用水、用电问题。在航天基地支援的基础上，万源停建多年的万新铁厂和青花铁厂续建投产，万源化工厂、万源氮肥厂、万源红旗水泥厂、万源饮料厂、川京饮料厂等企业建立了较为齐全的工业体系。1987年，万源有工业企业 317 个，比 1965 年增加 202 个，工业产值成倍增长。

在农业发展方面，航天基地先后无偿支援白沙镇炸药 20 吨、水泥 200 吨、煤炭 100 吨、水泵 2 台和各种管道物资，并帮助附近 3 个村拦河造田 200 余亩（13 万多平方米），修建鱼塘水面 100 余亩（6.7 万多平方米）。白沙从万源析出、组建白沙工农区时，航天基地无偿支援各类汽车 50 辆。航天基地创建后，多次派汽车帮助地方运送种子、化肥、农药、水泥、炸药等支农物资，有力支援了当地农业生产。航天基地职工还先后为附近发生灾情的地区捐款 20 余万元，为灾区人民献出了爱心。

在社会事业方面，航天基地创办的学校解决了附近农民子女入学问题，航天高中为地方培养了大批人才。航天医院设备齐全，医疗技术水平高，在保证职工医疗基础上，还为当地人民服务，收治病人 100 万余人次。1978 年，长征机械厂在八台山顶建起了电视差转台，让白沙、太平镇、罗文、官渡、旧院等地的居民看到了电视，为万源电视事业的发展奠定了基础。

（2）艺术价值：达州三线工业遗产无论在场地选址方面还是在建筑布局、风格方面都具有艺术价值。选址秉承"大分散、小集中""靠山、分散、隐蔽"的总体方针。例如，平江仪表厂背山面水，借助仙女山和铜体河的天然地理环境，符合选址要求。竹江机械厂背靠铜锣山，前临乌木水库，建筑沿等高线布局，掩映在山体中。其厂区以及家属区布局大部分呈"瓜蔓式"以及"村落式"形态，具有时代特征。

建筑布局因地就势，或隐于山林间，或顺应河流、山谷走势分布；建筑形态、结构、选材等具有典型的时代特征。厂区建筑一般体量较大，结构有钢筋混凝土结构、筒体结构等。住宅楼建筑以外廊式为主，外墙材料以灰砖、红砖居多。"干打垒""大板建筑"等作为特殊的建造模式，具有节约建材、快速施工、人人可以参与的优点，适应时代需求。

（3）社会价值：三线建设是一个时代的印记，艰苦朴素、刻苦钻研的三线人精神可以激励民众，尤其是激发青少年的爱国热情，有特殊的教育意义。

（4）情感价值：三线建设作为一段重要的国家历史、时代记忆，也是企业和个人的历史和记忆。航天基地是一代三线人奋斗、生活的地方，他们对该遗存场所具有深刻的精神和情感寄托。三线家属以及地方群众对三线建设历史也有着深刻的记忆和归属感。三线建设的历史和亲历者应该得到社会的尊重和铭记。

（5）再利用价值：航天基地部分厂不论是厂区布局还是建筑都保存较完整，如烽火机械厂、平江仪表厂可以被重点保护与再利用。在进行再利用设计时，除了对遗存的建筑给予保护以及再利用外，还应重视对区域整体环境的尊重与再利用。

1.1.2　广安三线建设工业遗产

1.1.2.1　明光仪器厂

（1）历史沿革：明光仪器厂兴建于 1965 年，位于广安华蓥市区，1998 年迁出，原址废弃。

（2）遗产构成：该厂旧址处于现在的华蓥市区，随着城市的发展，该厂旧址被破坏得非常严重，目前生产区、办公区和生活区的原建筑大多数被拆除，仅存 3 栋建筑（图 1.11）。

（a）　　　　　　　　　　　　　　（b）

图 1.11　明光仪器厂旧址仅存建筑

（图片来源于网络）

（3）再利用情况：位于华蓥市中心的原明光仪器厂旧址的厂区建筑大多不存，仅存厂房建筑 3 栋。现在华蓥市用了曾经的明光仪器厂名字命名了市区的干道，足见国营明光仪器厂在华蓥历史发展中的地位（图 1.12）。

图 1.12　明光仪器厂旧址街道指示牌
(图片来源于网络)

1.1.2.2　华光仪器厂

(1)历史沿革:华光仪器厂位于华蓥天池镇天池湖畔,兴建于 1965 年,20 世纪 90 年代迁出,旧址荒废。

(2)遗产构成:华光仪器厂旧址背靠华蓥山,毗邻川东著名风景胜地华蓥天池,旧址与周边环境有机结合,具备较高的美学价值。该厂旧址整体格局保留完好。虽然一部分建构筑物被当地居民、川煤集团绿水洞煤矿和当地一所驾校使用,但是使用者均未对建筑做较多处理,使得单体建筑整体上结构完好无损,建筑立面、原有风格也没有很大变化,几乎完全保留了兴建时的原样(图1.13—图 1.15)。

图 1.13　华光仪器厂布局
(图片来源于网络)

图1.14 华光仪器厂旧址建筑一
（图片来源于网络）

图1.15 华光仪器厂旧址建筑二
（图片来源于网络）

（3）再利用情况：2011年，华光仪器厂列入广安市、区两级文物保护单位。2012年，四川省人民政府批准该厂旧址为省级文物保护单位。

1.1.2.3 兴光机械厂

（1）历史沿革：1965年兴建于广安华蓥市高兴镇枧子沟村，20世纪90年代初厂区搬迁，原厂址废弃。

（2）遗产构成：兴光机械厂旧址坐落于华蓥山西麓与四川盆地交接处，周边自然风景较好，空气清新。厂区原有格局保存完好，建筑保存数量较多，建筑材料以青砖为主。

该厂旧址包括生产区和生活区（图1.16、图1.17）。部分原住宿区、办公楼建筑质量较好，其余建筑有较严重的破损。其中包括原兴光机械厂职工医院，其曾是华蓥最好的医院，整体结构尚在，但外立面破损严重。该厂电影院的外立面建筑细部非常细致、独特，结构完好，原有风格大体上得以保留，具有较高的建筑美学价值（图1.18）。

图 1.16　兴光机械厂布局
（图片来源于网络）

图 1.17　兴光机械厂厂房内部
（图片来源于网络）

图 1.18　兴光机械厂电影院
（图片来源于网络）

（3）再利用情况：由于该厂相对偏僻，所以旧建筑的再使用率较低，仅有原办公楼现被四川省华蓥市川广水泥有限公司使用，部分原生活区建筑被当地居民居住，还有一栋建于20世纪70年代的单身宿舍被当地居民用于饲养业。

1.1.2.4 江华机械厂

（1）历史沿革：1965 年兴建于广安华蓥市庆华镇，21 世纪初整体搬迁，旧址废弃。

（2）遗产构成：江华机械厂位于华蓥山宝鼎脚下，林繁木盛，环境优美，其选址遵循"靠山、近水、分散、隐蔽"的战略方针，符合"大分散、小集中"原则。目前，旧址整体格局保存较完整，包括生产区、办公区以及生活区（图 1.19）。其厂房尺度、体量较大，所有建筑物的结构、外立面均保留完好。部分厂房、办公楼被粉刷，与原有建筑风格有违和感（图 1.20、图 1.21）。生活区住宅、招待所建筑无较大破损，且建筑都未进行翻修，原有风貌被很好地保存下来（图 1.22、图 1.23）。

图 1.19 江华机械厂鸟瞰
（图片来源于网络）

图 1.20 江华机械厂厂房一
（图片来源于网络）

图 1.21 江华机械厂厂房二
（图片来源于网络）

图 1.22 江华机械厂风雨操场
（图片来源于网络）

图 1.23 江华机械厂住宿楼
（图片来源于网络）

（3）再利用情况：搬迁后，江华机械厂大量的厂房、附属建筑移交给当地政府，但如今已人去楼空。生活区的住宅、招待所等建筑目前被当地居民使用。

1.1.2.5　燎原机械厂

（1）历史沿革：燎原机械厂始建于 1968 年，位于广安华蓥市溪口镇，1995 年迁出，原址废弃。

（2）遗产构成：燎原机械厂位于华蓥山中的一条河谷两侧，地形复杂，高差较大，自然环境好。厂区包括生产、办公、生活等功能。生产区依山而建，厂房和附属建筑都根据山的走势而建，蜿蜒起伏在群山中，并有高大的树木作为掩护（图 1.24、图 1.25）。职工住宅散布在生产、办公区域周边，未形成规模较大的生活区。但生活区内一应俱全，有工人俱乐部、礼堂、露天电影院、托儿所、学校、医院、职工宿舍楼等。

图 1.24　燎原机械厂厂房一
（图片来源于网络）

图 1.25　燎原机械厂厂房二
（图片来源于网络）

（3）再利用情况：旧址的生产区、办公区曾被广安格林电池有限公司购入，目前处于停产状态。该电池公司对部分建筑进行过整修，旧址整体格局尚存，但对建筑整体风貌有一定影响。目前，原职工住宅仅有小部分被当地居民使用。

1.1.2.6 长城机械厂

（1）历史沿革：长城机械厂 1968 年始建于华蓥市溪口镇，1995 年整体搬迁，旧址废弃。

（2）遗产构成：厂区面积约 15.7 公顷，包括生产区和生活区，整体风貌保存较完整（图 1.26、图 1.27）。该厂生活区集中分布于生产区和公路之间，建筑种类和风格比较多样，有建于 20 世纪 70 年代的 3 层青砖坡屋顶单元楼、建于 20 世纪 70 年代的青砖 3 层坡屋顶外走廊式宿舍和建于 20 世纪 80 年代末的 7 层单元楼（图 1.28）。

图 1.26　长城机械厂布局依山就势
（图片来源于网络）

图 1.27　长城机械厂建筑
（图片来源于网络）

图 1.28 长城机械厂生活区

（图片来源于网络）

（3）再利用情况：长城机械厂旧址的生产、办公空间被四川华蓥水泥厂使用。原职工住宅由于临近溪口镇的主要街道，大部分已被当地居民使用。

1.1.2.7 红光仪器厂

（1）历史沿革：红光仪器厂（348厂）1965年始建于华蓥市禄市镇，1997年厂区搬迁，旧址废弃。

（2）遗产构成：红光仪器厂旧址分为生产区、办公区与生活区（图1.29—图1.31）。生产区、办公区曾被大川集团大川木门有限公司整体购入，作为大川公司的生产场所。该厂整体格局保留完好，仅有部分建筑物出现了大川公司的名牌、指示牌。生活区绝大部分建筑是20世纪70年代修建的青砖6层单元楼，也有2栋青砖5层外走廊式宿舍楼。

图 1.29　红光仪器厂布局

（图片来源于网络）

图 1.30　红光仪器厂建筑

（图片来源于网络）

图 1.31　红光仪器厂车间内部现状

（图片来源于网络）

（3）再利用情况：红光仪器厂整体搬迁后，所有资产移交地方。原厂生产区、生活区曾被大川集团大川木门有限公司购买并使用，目前闲置。遗留下来的职工宿舍楼保存完好，生活区中约有 60% 被当地居民使用，其余处于荒废状态。

1.1.2.8　金光仪器厂

（1）历史沿革：金光仪器厂 1965 年始建于华蓥市高兴镇，1996 年厂区整体搬迁，旧址废弃。

（2）遗产构成：该厂由职工生活区、厂区和办公服务区三大区域组成，建筑多为砖混结构，宿舍、筒子楼等老建筑极具特色，该厂是一个保存完整的三线建筑群（图 1.32）。现存有苏式建筑，时代感强的口号和标语，空荡、高大的车间，参天的大树和老旧的公共设施（图 1.33）。该单位旧址的生产、办公区域曾被川煤集团广能四方电力公司使用，该公司将其改建为李子垭矸石电厂，并对原有场地进行了力度很大的改建，因此旧址的整体格局变化很大，厂区大门、厂房、仓库等均被改建或拆除，同时废弃了一些原有建筑，保留的建筑不足四成，但是保留的建筑质量较好，并且该公司没有对这些建筑进行改造。生活区域位于观音溪镇街道旁，与生产区域相距约 1 千米，建筑类型多样，有建于 20 世纪 60 年代的平房、建于 20 世纪 70 年代的青砖坡屋顶 3 层单元楼、建于 20 世纪 80 年代初的红砖 5 层单元楼，此外，还有 4 栋建于 20 世纪 70 年代末的青砖坡屋顶 4 层单元楼，具有时代特色。

图 1.32　金光仪器厂布局
（图片来源于网络）

图 1.33　金光仪器厂建筑及标语
（图片来源于网络）

（3）再利用情况：金光仪器厂搬走后，厂区被当作电厂使用，但目前电厂已停产，厂区荒废。

1.1.2.9　广安三线建设工业遗产价值

（1）历史价值：广安三线建设工业遗产见证了中国的发展历程，三线建设带动了广安华蓥市、前锋区的形成以及经济发展。1965—1978 年，沿华蓥山中段西麓北起禄市镇、南至溪口镇不足 100 千米的狭长地带，先后建了 9 个三线军工企业及一批原煤、水泥生产企业。此区域发展为光学仪器生产、机械加工工业和川东北能源建材基地，当时在此区域建立与发展相适应的行政区划和管理体制势在必行，这促进了华蓥市的形成。三线建设时期，为了突破交通瓶颈，广修铁路等，襄渝铁路经过广安，1971 年在前锋人民公社建成的前锋火车站加上车务段、机务段等设施占地 10 万平方米。铁路的贯通以及车站的设立改变了前锋单一的农业经济模式，人口不断聚集，交易日益频繁，经济快速增长，场镇持续扩张，改变了过去代市、观阁场镇独大的传统局面。

广安三线建设还促进了当地教育、文化、体育、医疗等方面的发展。三线企业先后办了 16 所职工大学、子弟学校、中等技术学校等，除招收职工子女外，还招收当地居民的子女，减轻了地方办学压力，为地方培养了人才。自1965 年起，各三线企业及厂矿先后建了职工医院 15 所，这些医院的医疗技术、设备水平较高，大大改善了广安的医疗卫生条件，尤其是解决了华蓥山区老百姓看病难的问题。此外，三线企业还建了俱乐部、电影院 15 个，并分别成立了文艺宣传队、体育代表队等，积极开展丰富多彩的文体竞赛、宣传活动等，丰富了广安群众文化生活。

三线建设也促进了广安社会经济的发展，推动了广安现代化建设。据统计，广安县（今广安市广安区）工业总产值从 1964 年的 1 310.3 万元增至 1978 年的 5 635 万元，岳池县（华蓥工农区未建立前部分区域属岳池县）工业总产值从 1964 年的 1 376.5 万元增至 1978 年的 4 697 万元，武胜县工业总产值从 1962 年的 1 141 万元增至 1975 年的 3 107 万元。经济的发展与三线建设项目入驻及其人口、服务等聚集、辐射密切相关。三线建设时期兴建的工业企业为后来广安工业体系的形成奠定了坚实的基础。经过不断发展壮大，时至今日，煤炭、机械加工、建材等产业在广安的工业经济中仍占有十分重要的地位。

（2）艺术价值：广安三线企业选址秉承"靠山、隐蔽、分散、进洞"的方针，1965—1969 年，人们在华蓥山脉一带建设了金光仪器厂、华光仪器厂、明光仪器厂、红光仪器厂、永光机械厂、兴光机械厂、江华机械厂、长城机械厂、燎原机械厂 9 个三线企业。三线企业在规划布局方面结合地形呈瓜蔓式、自然式、阶梯式等分布，达到了"看不出工厂痕迹"的目的。例如，华光仪器厂背靠华蓥山脉，毗邻华蓥天池，既有靠山、隐蔽、分散的选址特征，又紧邻水资源，这是当时理想的三线企业选址。

在建筑形态方面，广安三线企业建筑具有典型的时代特征，车间、礼堂（或电影院）等建筑体量大，外墙以灰砖、红砖为主。例如，兴光机械厂电影院设计独特，具有较高的艺术价值。永光机械厂 302 车间为洞穴式，圆弧顶，4 个洞穴等距平行排列，深 67.8 米，高 4.8 米，宽 6.7 米，中间有一个宽 2 米、长 14.5 米的洞穴相连，特色鲜明。

在建筑模式方面，"干打垒"建筑在交通不便、物资缺乏的广安山区尤为适合。华光仪器厂接连修建了 3 栋不同规格的"干打垒"建筑，既解决了建房的成本难题和速度难题，又解决了三线建设者在华蓥山入冬之后没有住房居住的难题。由于"干打垒"建筑施工简单，造价低，墙厚、顶厚，冬暖夏凉，所以明光仪器厂、红光仪器厂、金光仪器厂等三线企业都建造了"干打垒"建筑。

（3）社会价值：广安三线企业地处山区，刚入驻时受自然环境和生活条件限制。"住的是破旧房，走的是羊肠道，吃的是泥浆水，照明用蜡烛、煤油灯"是当时条件的真实写照。但是三线建设者面对困境，"不分上班下班、不分白天黑夜，抢晴天、战雨天，晴天淌一身汗，雨天溅一身泥，没有星期天、节假日，争分夺秒、埋头苦干"，在国家和个人之间毫不犹豫地选择了前者，展现出人人争先的斗志和高尚情操，形成了"艰苦创业、无私奉献、团结协作、勇于创新"的三线精神。三线建设者在华蓥山区留下了"不等不靠，三个石头垒锅灶；无怨无悔，就地取土干打垒"的吃苦耐劳、艰苦奋斗的创业精神，"爱党爱国爱人民，献了自己献子孙"的忠诚、担当与奉献精神，"积极探索，勇于创新"的求新求变的科学创新精神，三线精神成为华蓥建设与发展的不竭动力。三线精神是三线建设留给广安的宝贵历史财富，是三线建设赋予广安的深刻文化内涵，是广安发展的强大动力源泉。

三线建设的历史是一段艰苦创业的历史。三线人具有无私奉献的精神。如今，轰轰烈烈的三线建设和可敬可爱的三线人已成为过去，但三线建设所取得的巨大成就和三线人创造的"热爱祖国、无私奉献、自力更生、艰苦奋斗、大力协同、勇于登攀"的三线精神在华蓥山区凝结成了厚实的"三线文化"板块。

（4）情感价值：华蓥山地区以及武胜县嘉陵江畔是几代三线人奋斗、生活的地方，他们对该遗存场所具有深刻的精神和情感寄托。三线家属以及地方群众对这段历史也有着深刻的记忆和归属感。

（5）再利用价值：四四方方的苏式建筑、红色或灰色的家属楼、高大的车间、参天的大树、蜿蜒的水泥路是三线建设旧址的场景。时代变迁，三线建设已成为历史，但三线精神以及记忆犹在，对三线建设旧址的保护与活化尤其有价值。广安三线企业大部分位于山区，其旧址无论是整体布局还是建筑均保存较好，具有很大的保护和再利用价值。例如，西南玻璃厂、金光仪器厂、华光仪器厂、江华机械厂、兴光机械厂、燎原机械厂、长城机械厂等因其整体布局和建筑等保留较完整，可以被列为重点保护与利用单位。

当地政府已意识到此类遗产的价值，对一些三线企业展开了保护与再利用。例如，2006年，广安市在四川省率先启动三线军工企业遗产保护工作，于2011年建成了全国第一家三线主题博物馆——广安三线工业遗产陈列馆，征集了5 000余件三线工业遗产实物。2012年，永光机械厂旧址302车间成为四川省重点文物保护单位，并划定了保护范围。但散落在山野间、荒废的三线建设工业遗产还有很多，需要各界更多的关注。

1.2　实地调查

1.2.1　绵阳市朝阳厂工业遗产

1.2.1.1　工业遗存概况

（1）历史沿革：朝阳厂的前身是三线建设时期著名的兵工厂四川朝阳机械厂，朝阳厂是中国三线工业及兵器工业发展的重要见证。随着国际环境的转变以及国内经济的调整，朝阳厂原有功能已不存在，内部大量工业建（构）筑物荒废。

朝阳厂从建设到如今大致经历了建立—发展—兴盛—衰落—转型—破产—保护、更新几个阶段。

朝阳厂建立于20世纪60年代，原隶属于中国兵器装备集团，是国家重点布局的较早的工业基地之一，以军用品生产为主。由于战备的需要，朝阳厂得以发展和扩大，然而随着时代变迁，到1990年，曾经风光无限的军工企业负债累累，迫切需要转型以适应国家经济和市场变化。在此情况下，朝阳厂积极改革，最终顺利地由兵工企业转变为汽车机械厂，就此迎来了它的第二次创业。到了1994年6月，朝阳厂汽车生产创产值2亿多元。然而到2000年左右，朝阳厂开始逐渐衰落，勉强维持，发展动力已显不足。

到2001年，随着国家"退二进三"战略的实施和绵阳市的发展，朝阳厂占地被城市用地包围，其经济、文化等多方面实力逐渐被城市其他区域超越，朝阳厂衰退之势已十分明显。2004年，朝阳厂宣布政策性破产。2014年，随着游仙片区的整体提升改造策略的制定，市政府明确提出了朝阳厂片区改造优化项目，朝阳工业遗址区由此开启了保护、更新的历程。

（2）区位条件：朝阳厂工业遗产位于四川省绵阳市游仙区，西起芙蓉溪，南临富乐山公园，东临东山生态保护区，东侧、南侧被山体环绕，与游仙区中心隔溪相望，具有明显的山地特征，拥有良好的地理位置和自然山水条件（图1.34）。

图 1.34　朝阳片区在绵阳的位置（左）、朝阳厂在朝阳片区的位置（右）

　　朝阳厂最初的选址是城市的边缘地带，随着城市扩张，朝阳厂已经纳入城市范围。朝阳厂具体位于绵阳北郊的游仙次中心，处于科技城片区和主城区之间，到绵阳中心区域仅 15 分钟车程，是典型的城市型工业遗址，区位优势明显。

　　朝阳厂周边旅游资源丰富，紧邻富乐山公园，与绵阳科技馆等文化服务设施相距不足 10 分钟车程（图 1.35）。

图 1.35　朝阳厂周边资源

　　（3）规划布局：

　　①用地布局。

土地利用现状：公共服务用地占 15%，居住用地占 20%，工业用地占 10%，非建设用地占 45%。

建筑布局：受场地地形影响，朝阳厂建筑整体布局顺应地势，大致呈东西走向。由于用地局促且缺乏整体规划，建筑布局松散杂乱，外部空间不成体系。其布局方式大致可以分为 3 种：入口区域建筑顺应道路呈线性布局；中部生活区建筑顺应地势，沿元宝山呈街巷式布局；核心区（生产区）建筑布局除顺应山势外，还呈现出一定的方向性，由于生产需要，部分厂房入口处留有较大空间来堆放废料和废弃设备。朝阳厂空间形式多样，显得具有趣味性。

②道路交通。

交通现状：朝阳工业遗址区对外交通联系相对较弱，对外主要出入口位于西侧，向西延伸，与游仙东路相连，形成与城市主干道唯一的交通通道。其南侧通往富乐山公园，东侧通往金牛古驿道景区和景观协调区，东、南、北三面无车行道与城市干道直接相接，导致厂区可达性差。受山地浅丘地形影响，朝阳工业遗址区内部道路呈自由状布局，主要道路为由东到西的游仙路二段，联系各功能块。

总体来看，朝阳工业遗址区对外交通条件较差，可达性差；内部现有道路状况较差，交通组织混乱，尚未形成完整的交通体系。

周边道路规划：朝阳工业遗址区周边规划包括城市一环北段延伸、一环东路、公交站和富乐公交枢纽，远期规划包括轨道一、三号线从西侧经过，芙蓉汉城规划有一个地铁站点。道路设施根据规划建设完成后，厂区便捷性、通达性增强，能够大大提升厂区的发展潜力和吸引力。

核心区道路：核心区对外交通联系相对较弱，厂区内部道路从西、北侧与外部有部分联系，东、南两侧则缺乏对外联系道路。厂区内部东西向由厂区主干道联系，南北向则由一条坡度较大的社区道路联系，路网密度小，不能很好地满足南北交通需要；且厂区内部道路多为尽端式，主要为各厂房服务，多数道路不能形成环线交通，因此内部可达性较差（图 1.36）。

图例
—— 12米
—— 8米
—— 5米

图 1.36　核心区道路

　　总的来说，核心区对外交通联系弱，形成相对封闭的状况；内部交通受建筑布局影响，道路密度偏小，组织混乱，未形成环路，厂区各功能区块之间交通通达性差。

1.2.1.2　遗产构成

　　（1）自然环境（地形地貌、植被等）：整个厂区用地东西略长，呈不规则形状，东、南、北三面被自然山体围绕，自然环境优美，地形复杂，高差较大。一条绿色景观带贯穿整个地块，将厂区分为南北高差 6 ~ 12 米的两个台地。厂区整体地势自东北向西南降低，南北总体高差约 30 米。生产区主要位于山体的低洼处，被山水环绕，自然生态环境良好。

　　厂区现在的绿地系统大致分为内外两块带状连续绿地：厂区北侧、东侧均被山体绿化覆盖，植物多为自然生长，人为干预较少，现有植被茂盛，物种多样，形成外侧山体自然生态景观带；厂区中部由于地形高差形成坡地绿化带，该绿化带贯穿厂区东西并延伸至厂区东南侧的内部。厂区内部及周边绿化景观多为原始自然形态，厂区内绿化基础良好，但缺乏有机组织、统一规划和系统管理，导致其可达性和有序性较差，整体观赏性较低，有待进行有序梳理和改造。

　　厂区内部绿地分散，不成系统。厂区内建筑密度偏高且建筑布局凌乱，建筑间硬质铺地较多，导致厂区内绿地较少且彼此割裂，缺乏有效联系。此外，厂区长期废弃，绿化景观缺乏有效管理，使得建筑与绿化景观之间的协调性较差，缺乏呼应（图 1.37）。

（a）

（b）

图 1.37　厂区绿化现状

（2）建筑物、构筑物（分厂区、家属区各类型建筑外观、内部等）：朝阳工业遗址区的工业建筑多是20世纪70—80年代建设的，少许是20世纪60年和90年代建设的，这些工业建筑是绵阳三线建设时期工业文化的杰出代表，有着历史与艺术的双重价值。受时代背景的影响，建筑风貌都比较简洁、质朴，建筑结构以排架结构为主（表1.1）。各类功能建筑整体风格较统一，但也存在一定差距，且有明显的聚集区（图1.38）。

表 1.1　建筑信息一览表

建筑编号	层数	结构	功能				建筑评价
2	3	墙承重结构	办公				办公楼建筑外立面保存完整，内部装潢破损严重，需进行加固处理
3、4	1	排架机构	厂房				建筑立面、内部保存完好，内部空间大，便于改造、利用
5	1	排架机构	厂房				建筑立面、内部保存完好，可利用度较高
6	3	墙承重结构	教学楼				原教学楼建筑质量差，建筑内渗水，立面、屋顶、窗户破损严重
7	1	排架机构	厂房				建筑现用作仓库，保存较完好，内部空间敞亮
12	1	排架机构	厂房				建筑保存较好，内部空间丰富，墙面印有毛泽东语录，时代感强
13	1	排架机构	厂房				建筑保存较好，内部结构完整，空间宽敞，但采光有限
25	1	排架机构	厂房				建筑立面、屋顶有一定破损，外墙构筑物破损严重
31	2	墙承重结构	食堂、职工活动中心、浴室				建筑集食堂、活动室、浴室多功能为一体，立面造型丰富，时代气息强烈
44	2	墙承重结构	宿舍				建筑保存较好，立面丰富，外墙面覆盖有爬山虎、喷绘图案

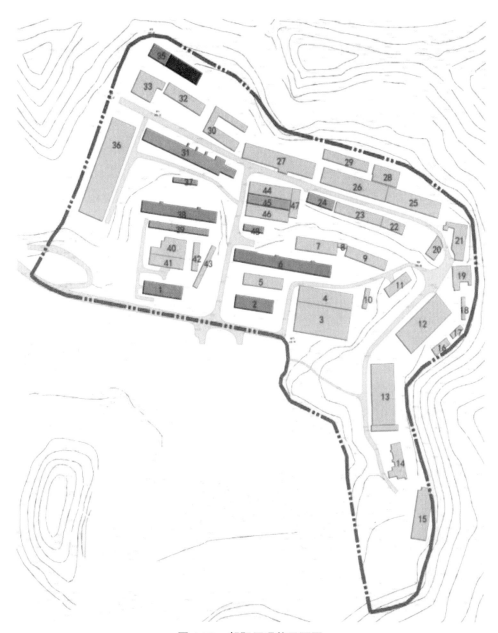

图 1.38 朝阳厂现状平面图

朝阳厂内建筑可以分为以下几类。

①工业厂房建筑：工业厂房集中位于核心保护区内，多为单层厂房，具有空间大、跨度大、层高高、屋顶承载力大等特点。厂房建筑大部分为框架结构，少部分为木结构。厂房有三角形或弧形屋架，柱距多为 4 ～ 9 米，屋架高

度为 9～12 米。厂房的平面形式多为一跨到四跨的柱网形式。外墙多为红砖，立面上配以水泥线条作为简单装饰，开窗整齐而有规律（图 1.39—图 1.41）。

图 1.39　五车间

（a）

（b）

图 1.40　加工车间

（a）

（b）

图 1.41　加工车间内部空间

厂房建筑中有一栋具有特殊景观价值的工业建筑，即喷漆车间（图1.42）。该喷漆车间建于20世纪70年代，造型独特，为框架结构，外墙主体材料为红砖，在檐口、窗台配以横向水泥线条作为修饰。该车间外部造型多变，根据工艺的要求设置了建筑通风、排风口，改变了原本一字排开的呆板建筑形象。此外，该建筑一层设置了直通二层的室外平台的坡道，与烟道交错布置。经过几十年，如今的喷漆车间，斑斑锈迹、墙面的水渍、青苔甚至局部的白色漆点无不展露着岁月的痕迹，犹如一个建筑艺术品。

图1.42　喷漆车间

②办公楼：厂区入口区域有两栋20世纪60年代末建设的办公楼最为特殊，这两栋办公楼在生产时期分别是职工宿舍和技校楼。在历史发展中，朝阳厂由兵工厂转型为汽车机械厂，这两栋建筑因此改用为办公楼。其建设初期正是苏联文化影响中国建设的时期，故其建筑造型呈现出苏联式风格特点，主要表现为以下两个方面：

a.有斗篷式屋顶、墙壁厚实、线条粗壮等特点，建筑材料多为青砖、水泥，呈现出庄重的青灰色调。

b.建筑中规中矩，讲究中心对称，入口采用外来形式。建筑外墙以水泥为主基调，如图1.43所示。

（a）　　　　　　　　　　　（b）

图 1.43　朝阳厂办公楼

③宿舍：厂区建筑群中临近办公楼有几幢 2 层楼的厂区配套宿舍（图 1.44），其主要有以下特征：

a. 采用砖混结构，外墙为红砖，后由于功能需要，在红砖的表面刷白色油漆。

b. 两层，第二层采用外廊形式，栏杆为金属材料。

c. 红色油漆木质门窗。

（a）　　　　　　　　　　　（b）

图 1.44　宿舍楼

④俱乐部、食堂：

位于生活区的职工俱乐部的建筑风格与其他建筑截然不同。职工俱乐部是三线建设时期开展文化活动的主要场所，如图 1.45 所示。其风貌特征表现在以下方面：

a. 体量大，且具有一定的苏式风格，一层采用外廊形式。

b. 建筑采用浅橘色与白色的油漆饰面。

c. 主立面采用大面积玻璃，以柱子作为立面的主要划分界线，气势宏大。除主立面以外，其余立面开窗面积较小。目前，职工俱乐部仍在使用，其建筑结构、外观等保存完好。

（a）　　　　　　　　　　　　　（b）

图 1.45　职工俱乐部

厂区内职工食堂位于半山上，因地就势布局，对地形的适应性强，通过连廊、台阶等解决高差问题。建筑形态多样，色彩延续红砖风格（图 1.46）。

（a）　　　　　　　　　　　　　（b）

图 1.46　职工食堂

⑤入口区建筑群：入口区建筑质量及建筑风貌普遍较差。该区域内有厂房、住宅、培训学校、商业建筑等多种功能的建筑，风格多样。沿街立面以及层数、层高不统一，外装色彩杂乱，建筑年代久远，多数仍在使用，如图 1.47 所示。

（a） （b）

图 1.47 入口区建筑群

（3）生产设施、设备：厂区建设之初，由于备战的需求，选择靠山、隐蔽处、远离交通、设施便利地，随着时代变化，该厂的区位条件阻碍了后期的发展，该厂以破产告终，原厂区被遗弃，厂区内的大部分生产设施、设备已被废弃、损坏。目前遗留下来的设备仅有烟囱（图 1.48）、车间、蓄水罐等，此类构筑物由于形态上独具工业特色，且体量较高，所以可以作为区域的标志物，可作为景观性改造中的标识性构筑物，人们对此类元素可根据设计的需要进行选择性保留并加以利用。

（a） （b）

图 1.48 烟囱

（4）标语、历史照片、档案等资料：本研究组深入朝阳厂内，对遗址内的标语、历史照片、档案等进行了现场收集，获得了第一手资料，为其遗址价值研究以及保护、利用提供了参考资料（图 1.49）。

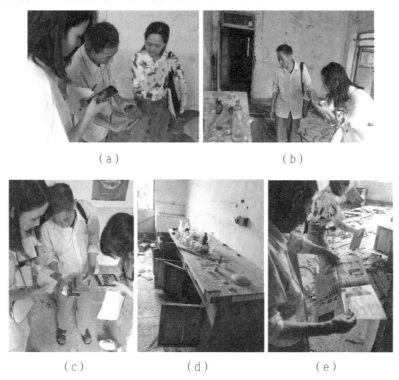

（a）　　　　　　　　　　　　（b）

（c）　　　　　（d）　　　　　（e）

图 1.49　现场资料收集照片

1.2.1.3　价值浅析

（1）历史价值：朝阳厂作为绵阳市三线建设时期的著名的兵工厂之一，为绵阳如今强大的国防军工科研实力奠定了重要基础。三线建设是绵阳市工业遗产的时代特性，其珍贵的历史价值不言而喻，不管是从国家层面看还是从地方层面看，蕴藏其中的历史因素都在时代的洪流中占据着不可或缺的重要地位，渗透在社会各处，反映于人们的日常生活中。三线建设作为中国工业发展史上的重要里程碑，为当时的国防军工科技等领域都增添了新兴力量，为整体国力的增强及工业业态的增势都起到了很大的作用，也为我国工业发展奠定了很好的基础。此外，其内含的三线精神也是当代居民认同感和归属感的一种寄托。

（2）科技价值：科技价值指能够使社会生产力发展到新水平的实体或非实体要素直接或间接促进生产力发展，可以通过建设用地规模、建筑数量、建筑质量、建筑功能丰富度等指标来体现。

朝阳厂工业遗产区域面积为 19 公顷，建设用地规模较大，建筑基地面积约为 6 公顷；建筑质量以一类建筑为主，建筑主要为各类生产加工车间；建筑结构有排架结构、砖混结构、简易结构，其中以排架结构为主；建筑功能丰富，除生产所需建筑，还有居住、教育、医疗、办公、娱乐等各类建筑，其中以生产车间为主。

不同风格、结构、功能、质量等的历史建筑在一定程度上反映了三线建设时期该厂生产力已达到一定水平。

（3）社会价值：绵阳朝阳厂不仅是三线建设这一特殊时期的历史产物，还承载着几代三线人特有的人文情怀，是集体记忆与三线精神的载体，三线精神激励着一代代后人继续前行，对人们有着非常重要的激励作用。

（4）艺术价值：绵阳朝阳厂在规划布局和建筑设计上为满足产业功能需要而体现出的独特性，具有一定的美学价值。三线建设的特殊时期以及当时备战的紧迫性需求对厂区建设提出了特殊的要求，要求其建设在能满足生产要求的基础上，加快速度，减少投资，大部分三线企业都是"就地取材"，采用低技建造，以降低建设成本。在这种背景下建设的三线工业建筑别具特点：建筑功能至上，建筑简洁；充分利用地形，与地形结合较为紧密，具有鲜明的时代艺术特征。

（5）再利用价值：绵阳朝阳厂具有众多的优势，对其改造与再利用有非常重要的价值。其具体的改造、利用优势如下：

①朝阳厂拥有良好的地理位置和山水格局条件。朝阳厂工业遗产位于东山山体与芙蓉溪之间，东侧、南侧被山体围绕。

②区域位置优势明显。朝阳厂在城市区位上处于东侧主城区与北侧科技城片区之间，距离绵阳火车站 6.4 千米，距离绵阳机场 7.1 千米，到达绵阳核心区域仅 15 分钟车程。

③文化底蕴丰厚。朝阳厂是绵阳甚至整个西南地区重要的兵工企业。同时，朝阳片区恰处《绵阳市历史文化名城保护规划》中"三国文化走廊"的位置。

④艺术和历史的双重内涵。厂区建筑以 20 世纪 70 年代和 80 年代建设的为主，厂房形态多变、保存完好，且部分苏联援建期间的苏式建筑保留下来，使厂区有着艺术和历史的双重内涵，该厂是西南地区三线建设文化的杰出代表。

另外，随着国民人均收入的不断提高，人们的生活需求将会越来越细化，工业旅游这一新兴的旅游形式越来越受到游客的欢迎。

1.2.2 绵阳市曙光机械厂

1.2.2.1 工业遗存概况

（1）发展历史：1965 年，绵阳曙光机械厂十所选址于梓潼县观太乡。1983 年，该所搬迁至绵阳市区，原建筑及场地被移交给地方管理。目前，大部分办公楼以及厂房用于生猪、牛、羊、鸡、鸭等养殖，大部分原职工住宿楼被当地农民作为住宅租用。

（2）现状调研：区位条件如下。

地理区位条件：梓潼县玛瑙镇地处梓潼县东南部，距梓潼县城 22 千米，东距定远 6 千米，南距交泰 5 千米，西距观义 6 千米，北与东石乡交界，潼江河流经上河村、贞元村、普光村、瓦苍村、玛瑙村。

文化区位条件：玛瑙镇有兜帽山，周边旅游资源丰富，北距七曲山风景区、两弹城 30.6 千米，西距仙海湖风景区 44 千米，南距龙门山 15.6 千米。

（3）场地环境特征。

气候特征：玛瑙镇年降雨量为 700～900 毫米，平均气温为 17 摄氏度，年无霜期 270 天左右，属亚热带季风气候，四季分明，气候温和，适宜各种粮食作物和经济作物生长。

经济特征：玛瑙镇现有耕地 12 770 亩（约 8.51 平方千米），属于丘陵农业镇，粮食作物以小麦、水稻、玉米、红苕为主，经济作物以油菜、花生、海椒、西瓜、桑树为主，畜禽以生猪、牛、鸡、鸭、鹅为主。在水产业方面，玛瑙镇有小型水库 9 座、山坪塘 105 口。

地形地貌特征：依据地貌相似性原则划分地貌，梓潼县可划分为 3 个地貌区：潼江东北高丘低山区、潼江以西丘陵区、潼江河谷平坝区。玛瑙镇属于平坝区。

梓潼县无构造山脉，所有山丘均系地壳抬升和流水等外力侵蚀、切割使得河谷下降，两岸相对升高而形成的河流间的分水岭，因而山丘的延伸与河流流向大体一致。

（4）场地用地布局。

总体用地情况：整体用地可分为农业用地、居住用地以及其他用地 3 类，主要为农业用地，且山环水抱，丘陵地形与河流相互依偎，自然环境良好。场地内部的居住用地大致可分为两类，第一类是原样保留的原三线遗址的工人宿舍，第二类原用途也是工人宿舍，原宿舍被当地居民改建为住房，此类用房新增加了部分必要的公共设施以及人们生活所需的农用设施。

场地内部的其他用地主要是之前生产生活遗留下来的办公用地和公共服务用地，这类用地上的建筑现在大都被荒废，没有实际用途。

图 1.50 是该厂现状卫星图。从图 1.50 不难看出，该厂原址大部分为农田，道路依山就势，随着山势而建，建筑分列于道路两旁，没有特别系统的规整的规划，大部分建设属于居民自发建设和自发修复。

图 1.50　卫星图

　　由图 1.51 可知，整个地块的道路依附着地形而建，建筑分列道路两边，向南排布，为条状的行列式，建筑之间是居民自发建设的景观设施或者农田。

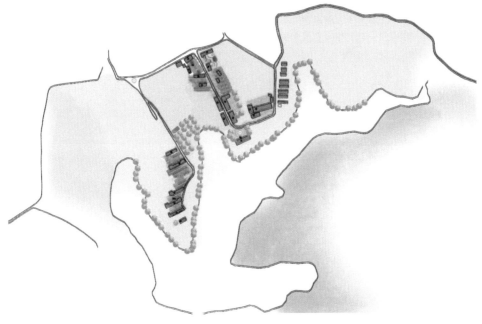

图 1.51　平面布局图

　　道路为后期建设的水泥路，路面整洁，且道路建设完好，道路两边是种植较好的行道树。

　　关于整个片区的基础设施建设，通过调研发现，电力线路整体沿着道路走线，基本属于高空走线。整个片区通过居民的改建和自发建设，已经实现了全面通电，通水的基础设施建设没有很大的缺陷，只是存在不成系统的问题以及安全隐患的问题。

1.2.2.2　工业遗产规模

　　（1）建筑类型：以厂房、职工宿舍为主，以办公、服务建筑为辅（表1.2）。

　　（2）建筑规模如表 1.2 所示。

表 1.2　主要建筑物对照表

分区	编号	层数	用途		建筑质量	面积（平方米）	备注
			原用途	现用途			
片区一	1	2	未知	民房	一般	493	
	2	3	职工宿舍	民房	一般	1 403	
	3	3	职工宿舍	民房	一般	1 446	
	4	3	职工宿舍	民房	一般	1 560	
	5	3	职工宿舍	民房	较差	1 055	已用于康养住宿规划
	6	4	职工宿舍	民房	一般	1 380	
	7	4	职工宿舍	民房	一般	1 564	
片区二	8	1	厂区商业服务	未用	一般	311	
	9	3	厂区办公楼	未用	一般	771	
	10	1	辅助用房	民房	一般	149	
	11	1	厂区礼堂	未用	一般	161	
	12	2	职工宿舍	未用	一般	322	
	13	2	职工宿舍	民房	一般	316	
	14	3	职工宿舍	民房	一般	686	
	15	3	厂区办公楼	未用	一般	1 118	
	16	3	厂区办公楼	民房	一般	1 206	
	17	3	厂区办公楼	民房	一般	1 190	
	18	1	厂区澡堂	未用	一般	280	
	19	4	职工宿舍	民房	一般	1 091	
	20	2	职工宿舍	民房	一般	1 439	
	21	2	职工宿舍	民房	一般	379	
	22	2	职工宿舍	民房	一般	379	

（3）工业遗产特征。

①主要单体建筑形式特征：

建筑 1 如图 1.52—图 1.55 所示。[①]

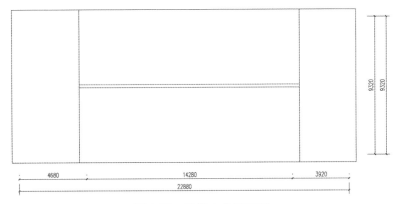

图 1.52　建筑 1 的平面图

图 1.53　建筑 1 的正立面图及现状照片

[①]　图 1.52—图 1.135 的数据单位为毫米。

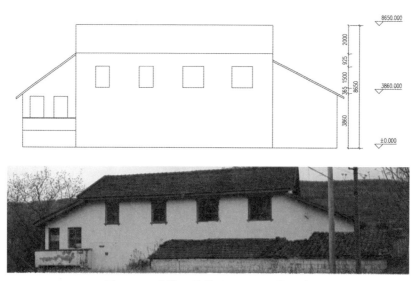

图 1.54　建筑 1 的背立面图及现状照片

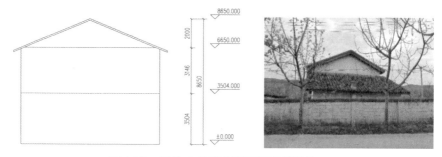

图 1.55　建筑 1 的侧立面图及现状照片

建筑 2 如图 1.56—图 1.59 所示。

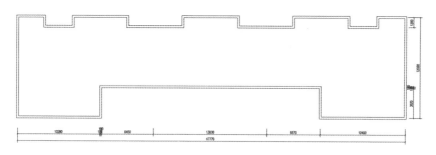

图 1.56　建筑 2 的平面图

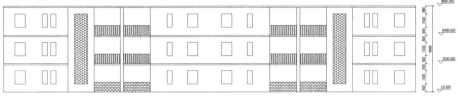

图 1.57　建筑 2 的正立面图及现状照片

图 1.58　建筑 2 的背立面图及现状照片

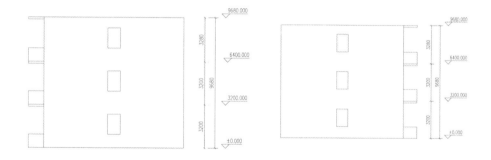

图 1.59　建筑 2 的侧立面图及现状照片

建筑 3 如图 1.60—图 1.63 所示。

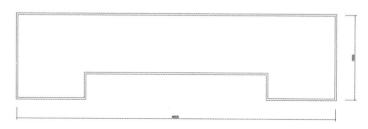

图 1.60　建筑 3 的平面图

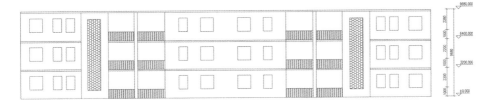

图 1.61　建筑 3 的正立面及现状照片

图 1.62　建筑 3 的背立面及现状照片

图 1.63　建筑 3 的侧立面及现状照片

建筑 4 如图 1.64—图 1.67 所示。

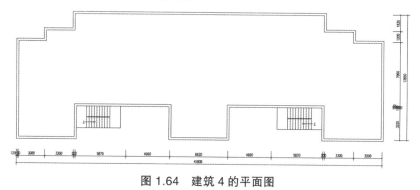

图 1.64　建筑 4 的平面图

图 1.65 建筑 4 的正立面图及现状照片

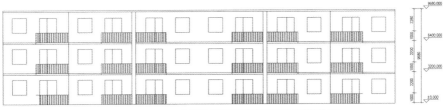

图 1.66 建筑 4 的背立面图及现状照片

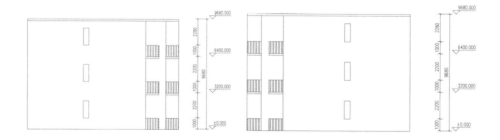

图 1.67　建筑 4 的侧立面图及现状照片

建筑 5 如图 1.68—图 1.71 所示。

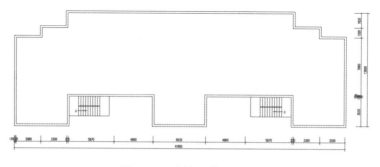

图 1.68　建筑 4 的平面图

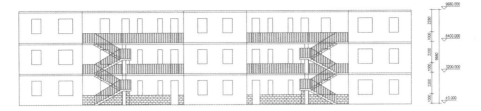

图 1.69 建筑 5 的正立面图及现状照片

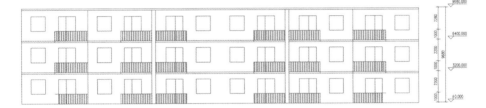

图 1.70 建筑 5 的背立面图及现状照片

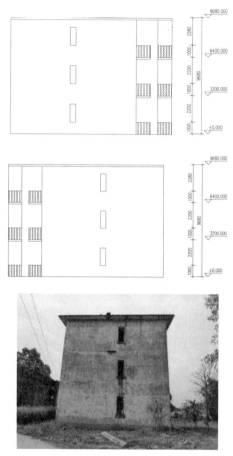

图 1.71　建筑 5 的侧立面图及现状照片

建筑 6 如图 1.72—图 1.75 所示。

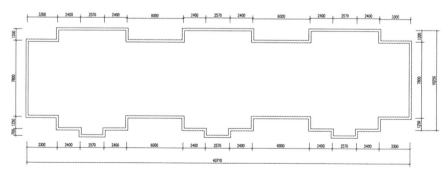

图 1.72　建筑 6 的平面图

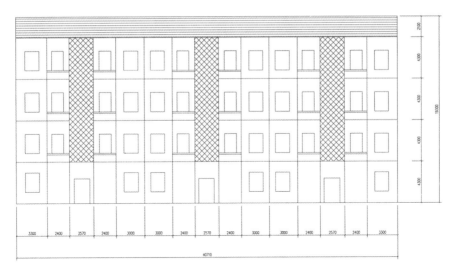

图 1.73　建筑 6 的正立面图及现状照片

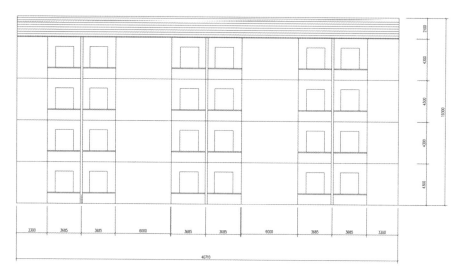

图 1.74　建筑 6 的背立面图及现状照片

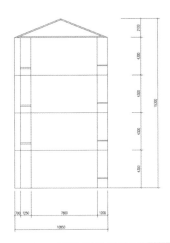

图 1.75 建筑 6 的侧立面图及现状照片

建筑 7 如图 1.76—图 1.79 所示。

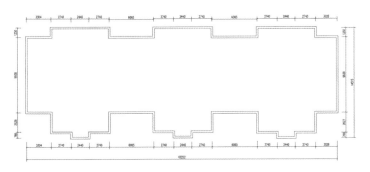

图 1.76 建筑 7 的平面图

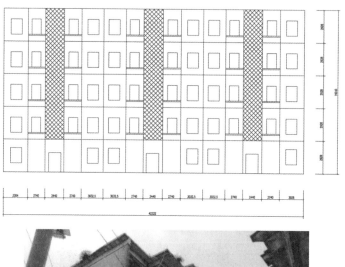

图 1.77　建筑 7 的正立面图及现状照片

图 1.78　建筑 7 的背立面图及现状照片

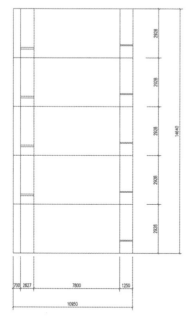

图 1.79　建筑 7 的侧立面图及现状照片

建筑 8 如图 1.80—1.83 图所示。

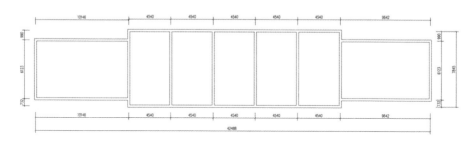

图 1.80　建筑 8 的平面图

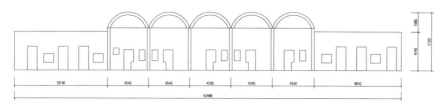

图 1.81　建筑 8 的正立面图及现状照片

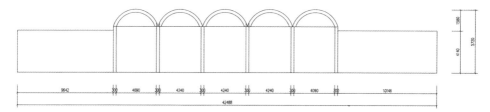

图 1.82　建筑 8 的背立面图及现状照片

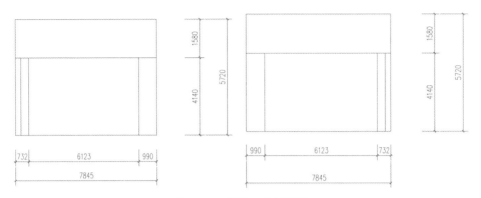

图 1.83　建筑 8 的侧面图

建筑 9 如图 1.84—图 1.87 所示。

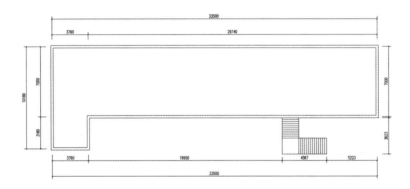

图 1.84　建筑 9 的平面图

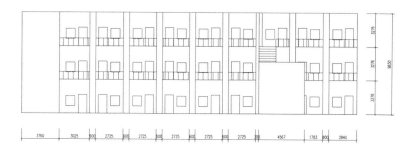

图 1.85 建筑 9 的正立面图及现状照片

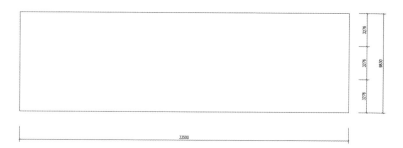

图 1.86 建筑 9 的背立面图

图 1.87　建筑 9 的侧立面图及现状照片

建筑 10 如图 1.88—图 1.91 所示。

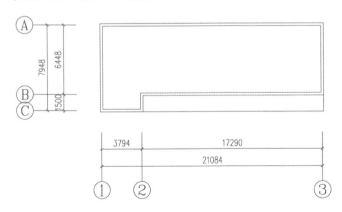

图 1.88　建筑 10 的平面图

图 1.89　建筑 10 的正立面图及现状照片

图 1.90　建筑 10 的背立面图及现状照片

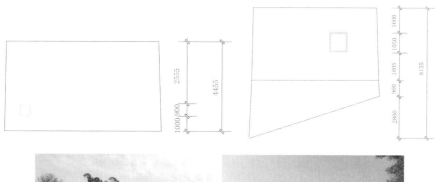

图 1.91　建筑 10 的侧立面图及现状照片

建筑 11 如图 1.92—图 1.95 所示。

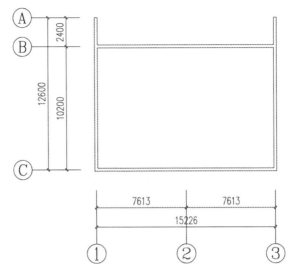

图 1.92　建筑 11 的平面图

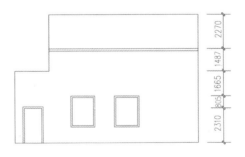

图 1.93　建筑 11 的正面图

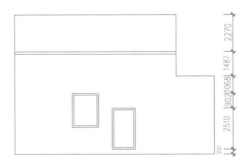

图 1.94　建筑 11 的背面图

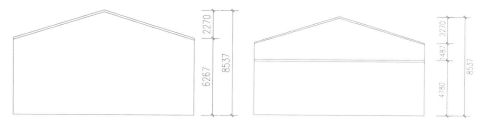

图 1.95　建筑 11 的侧面图及现状照片

建筑 12 如图 1.96—图 1.99 所示。

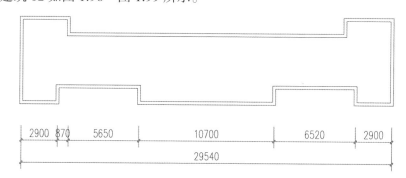

图 1.96　建筑 12 的平面图

图 1.97　建筑 12 的正立面图及现状照片

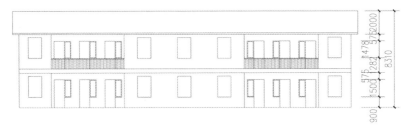

图 1.98　建筑 12 的背立面图及现状照片

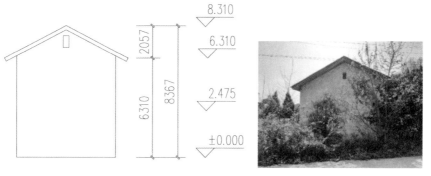

图 1.99　建筑 12 的侧立面图及现状照片

建筑 13 如图 1.100—图 1.103 所示。

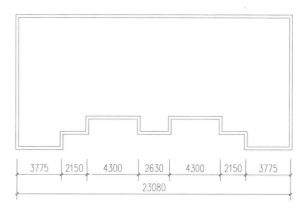

图 1.100　建筑 13 的平面图

图 1.101 建筑 13 的正立面图及现状照片

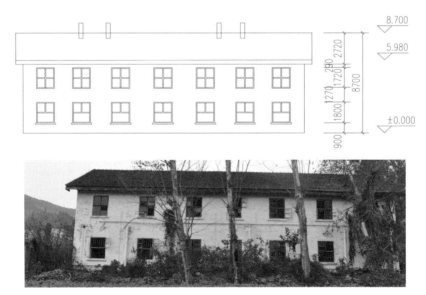

图 1.102 建筑 13 的背立面图及现状照片

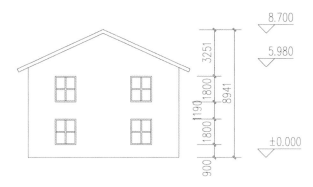

图 1.103　建筑 13 的侧立面图及现状照片

建筑 14 如图 1.104—图 1.107 所示。

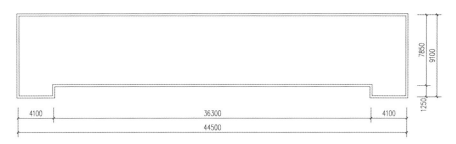

图 1.104　建筑 14 的平面图

图 1.105　建筑 14 的正立面图及现状照片

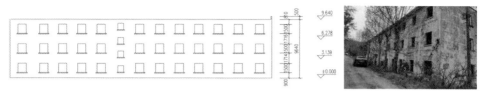

图 1.106　建筑 14 的背立面图及现状照片

图 1.107　建筑 14 的侧立面图及现状照片

建筑 15 如图 1.108—图 1.111 所示。

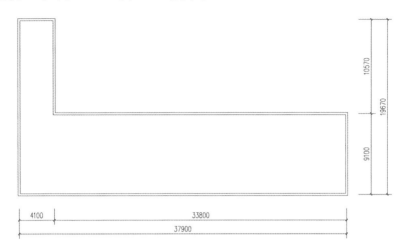

图 1.108　建筑 15 的平面图

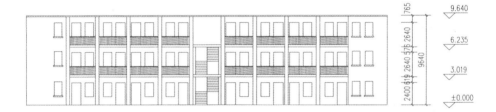

图 1.109　建筑 15 的正立面图及现状照片

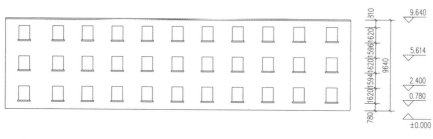

图 1.110　建筑 15 的背立面图及现状照片

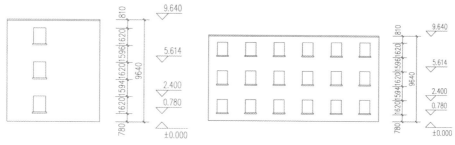

图 1.111　建筑 15 的侧立面图及现状照片

建筑 16 如图 1.112—图 1.115 所示。

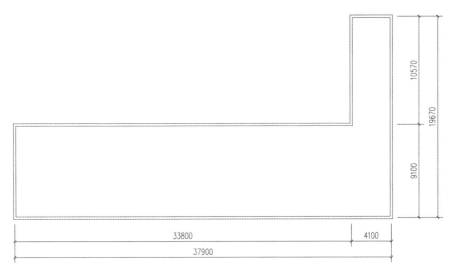

图 1.112　建筑 16 的平面图

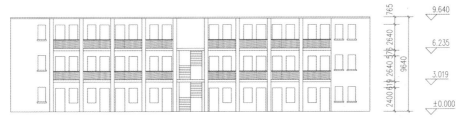

图 1.113　建筑 16 的正立面图及现状照片

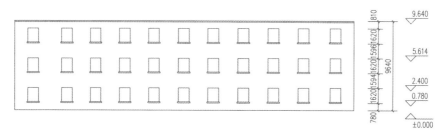

图 1.114 　建筑 16 的背立面图及现状照片

图 1.115 　建筑 16 的背侧立面图及现状照片

建筑 17 如图 1.116—图 1.119 所示。

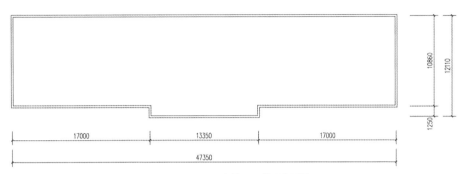

图 1.116 建筑 17 的平面图

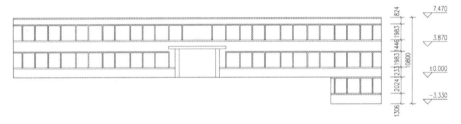

图 1.117 建筑 17 的正立面图及现状照片

图 1.118　建筑 17 的背立面图及现状照片

图 1.119　建筑 17 的侧立面图及现状照片

建筑 18 如图 1.120—图 1.123 所示。

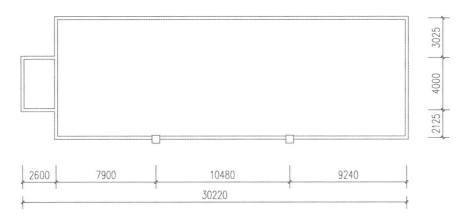

图 1.120 建筑 18 的平面图

图 1.121 建筑 18 的正立面图及现状照片

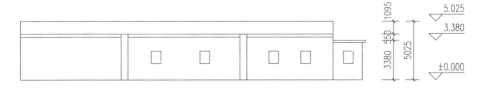

图 1.122 建筑 18 的背立面图

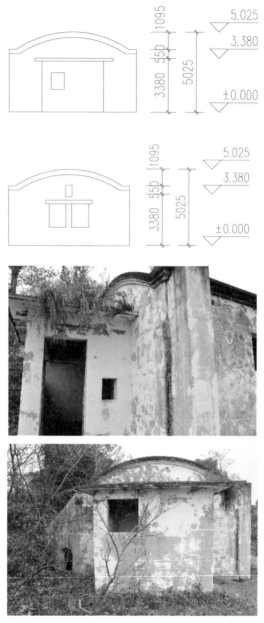

图 1.123　建筑 18 的侧立面图及现状照片

建筑 19 如图 1.124—图 1.127 所示。

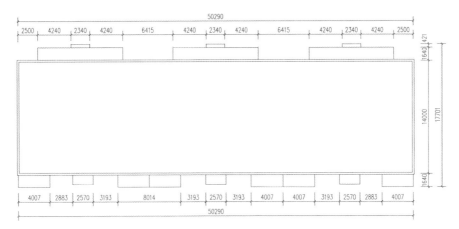

图 1.124　建筑 19 的平面图

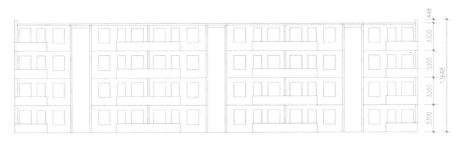

图 1.125　建筑 19 的正立面图及现状照片

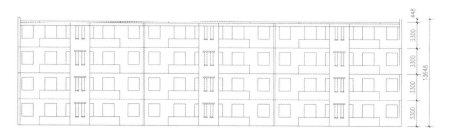

图 1.126　建筑 19 的背立面图及现状照片

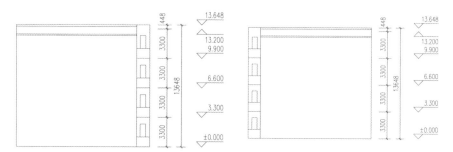

图 1.127　建筑 19 的侧立面图及现状照片

建筑 20 如图 1.128—图 1.131 所示。

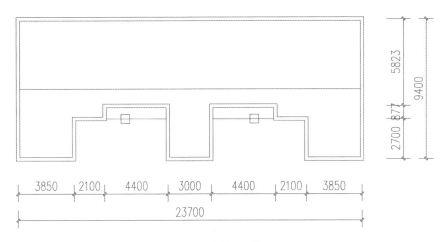

图 1.128 建筑 20 的平面图

图 1.129 建筑 20 的正立面图及现状照片

图 1.130　建筑 20 的背立面图及现状照片

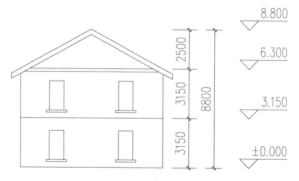

图 1.131　建筑 20 的侧立面图及现状照片

建筑 21 如图 1.132—图 1.135 所示。

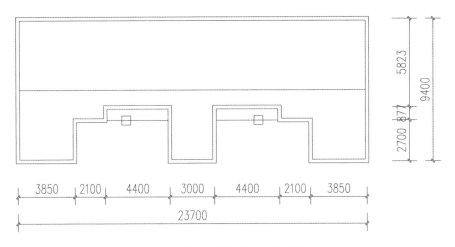

图 1.132　建筑 21 的平面图

图 1.133　建筑 21 的正立面图及现状照片

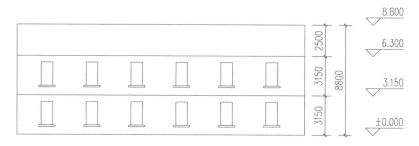

图 1.134　建筑 21 的背立面图及现状照片

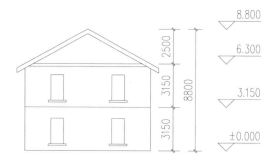

图 1.135　建筑 21 的侧立面图及现状照片

②主要单体建筑结构特征如表 1.3 所示。

表 1.3　主要单体建筑结构特征

建筑编号	建筑结构	建筑层数	建筑质量
1	砖混结构	2	一般
2	砖混结构	3	一般
3	砖混结构	3	一般
4	砖混结构	3	一般
5	砖混结构	3	一般
6	砖混结构	4	一般
7	砖混结构	4	一般
8	砖混结构	1	一般
9	砖混结构	3	一般
10	砖混结构	1	一般
11	砖混结构	1	一般
12	砖混结构	2	一般
13	砖混结构	2	一般
14	砖混结构	3	一般
15	砖混结构	3	一般
16	砖混结构	3	一般
17	砖混结构	3	一般
18	砖混结构	1	一般
19	砖混结构	4	一般
20	砖混结构	2	一般
21	砖混结构	2	一般
22	砖混结构	2	一般

（4）工业生产要素特征：该厂的建筑主要是办公和居住类型，没有相关的生产设备和产品。

（5）记忆场所：该厂拥有一座小型剧场及依附于剧场的表演戏台和运动场地，目前处于荒废状态，但整体布局保留相对完整。

1.2.2.3　工业遗存再利用概况

（1）再利用现状：本次调研的绵阳曙光机械厂工业遗产建筑物原功能主要为厂房、职工宿舍，部分为辅助用房、办公用楼、厂区商业服务用房及一栋礼堂建筑。周围地势较为平坦，但由于维护较差，周围环境已是杂草丛生。

当地政府对这些三线建设工业遗产，通过再利用的方式予以保护。这些工业建筑大多为厂房、职工宿舍，建筑内没有遗留的生产设备。村民对质量较好的建筑进行修缮，将其用作民用住房，对于质量较差的建筑予以拆除或改造，其中一栋三层待拆建筑用于康养住宿规划。但并非所有建筑都已进行再利用，仍有少部分建筑未使用。

（2）融资模式：政府目前没有对绵阳曙光机械厂内的工业遗产进行大规模规划设计，对其场地、建筑没有进行统筹安排。工业遗产建筑多被当地居民利用，居民自主修缮，没有进行融资建设，其中很多建筑现为民用房。

（3）管理模式：政府没有统筹规划，该处工业遗产被当地居民自主利用，大部分建筑现为民用住房。对此处工业遗产的管理模式是，政府在一定程度上限制居民对工业遗产建筑的过度使用，控制居民对建筑的改造限度。在政府的允许下，当地居民对工业遗产进行再利用。

（4）经济效益评估：工业遗产的价值分为使用价值和非使用价值。使用价值分为直接使用价值、间接使用价值。非使用价值分为存在价值、选择价值以及遗赠价值三类[1]。

本次调研的工业遗产的价值为间接使用价值及非使用价值。当地居民及政府对工业遗产建筑进行修缮、改造，将其用作民用房，用于康养住宿规划，以此来进一步实现其经济价值，也避免大拆大建产生过多施工费用，同时防止改造中把具有多重价值的工业遗产变为建筑垃圾。

非使用价值又叫非市场价值，即该厂区内的工业遗产作为公共物品或准公共物品的价值（该处工业遗产目前尚未被完全利用，未被利用的建筑可以供人

---

[1]　谭超. 工业遗产经济价值评估初探[J]. 广西民族大学学报：自然科学版,2009(1):18-22.

86

们将来利用），具有非竞争性和非排他性，难以实际衡量。非使用价值不能在市场中获得，不可以交易，所以很难确定价格。

（5）再利用存在的问题。工业遗存的建造年代、背景、地域、文化特征、规模等决定改造与再利用的定位、类型、要求。不同业主、不同设计师、不同设计理念对同一建筑的改造与再利用是不一样的。工业遗存周围环境、地理位置对改造与再利用也有一定影响。绵阳曙光机械厂内的工业遗产目前的再利用存在诸多问题：首先，对遗产建筑再利用不充分，多将其作为民用房，产生的经济效益不高；其次，政府对工业遗产没有总体的规划设计，没有合适的项目主题予以打造，对人们的吸引力不强，无法增加人流量，导致工业遗产价值没有得到充分体现；再次，中国目前对工业遗产的改造模式趋同，都有开始辉煌、后面萧条的趋势，而每个工业遗产需结合当地特色，因地制宜地制定相应的规划，根据遗产再利用服务的消费群体确定好定位；最后，该工业遗产地理位置较为偏远，离县城中心较远，交通不便利，所以其再利用受到一定限制。

1.2.2.4　工业遗存价值评估

（1）历史文化价值：工业遗产是人们把握历史、解释社会进步的重要证据和实物，其历史价值体现为其具有无法再生性和无法重复性。工业遗产不仅是工业文明的重要载体，也是历史文化的重要组成部分，是工业社会中产生的历史文物，具有重要的文物价值。该工厂的规划设计和建造、机器设备的设计和制造工艺等都显现出美学价值，是人类文化的宝贵财富。工业遗存的文化价值明确了科学技术不仅是"术"，更是人类文化的重要组成部分。该工业遗产的工业规模不大，在总的规划设计上人的意愿性较强，建筑的规划布局有一定的分区。其在机器设备和制造工艺方面体现的美学价值有待进一步调研。该工业遗产是历史遗留的文物，在历史价值方面有一定的研究价值。

（2）建筑空间价值：建筑空间价值表现在建筑的外部和内部。建筑与外部环境之间的虚实关系构成了建筑的外部空间。建筑的内部空间价值表现在建筑的结构和建筑造型美感上。该工业遗产的建筑外部空间与其所处环境有较好的联系性，但是外部的绿化、铺面以及建筑与建筑的空间集群性较差。在建筑的内部空间方面，这些建筑以民房为主，建筑结构和建筑造型相对简单、普遍。因此，其建筑空间的研究价值不算高，但在对应的时期有一定的代表性。

（3）社会价值：该工业遗产的社会价值体现在与人类活动紧密相关的政

治、经济、社会、文化、生态环境等领域，其记载了普通大众特别是产业工人及其家属、后代的日常生活，与城市的发展血脉相连，是人们的社会认同感和归属感的基础之一。

1.2.2.5 保护认定和利用建议

历史文化街区（建筑）划定建议如表 1.4 所示。

表 1.4 历史建筑列选建议名录

保护级别	区域	编号	建（构）筑物名称	建成时间	面积（平方米）	备注
重点保护	片区一	2	职工宿舍	20 世纪 60 年代	1403	
	片区一	3	职工宿舍	20 世纪 60 年代	1446	
	片区一	4	职工宿舍	20 世纪 60 年代	1560	
	片区一	6	职工宿舍	20 世纪 60 年代	1380	
	片区一	7	职工宿舍	20 世纪 60 年代	1564	
	片区二	8	厂区商业服务用房	20 世纪 60 年代		
	片区二	10	辅助用房	20 世纪 60 年代	149	
	片区二	11	厂区礼堂	20 世纪 60 年代	161	
	片区二	12	职工宿舍	20 世纪 60 年代	322	
	片区二	13	职工宿舍	20 世纪 60 年代	316	

续　表

保护级别	区域	编号	建（构）筑物名称	建成时间	面积（平方米）	备注
一般保护	片区一	5	职工宿舍	20世纪60年代	1055	
	片区二	9	厂区办公楼	20世纪60年代	771	
	片区二	14	职工宿舍	20世纪60年代	686	
	片区二	15	厂区办公楼	20世纪60年代	1118	
	片区二	16	厂区办公楼	20世纪60年代	1206	
	片区二	17	厂区医院	20世纪60年代	1190	
	片区二	19	职工宿舍	20世纪60年代	1091	

1.2.3　四川金鑫股份有限公司

1.2.3.1　工业遗存基本情况

（1）历史沿革：四川金鑫股份有限公司前身发端于1950年的东北工业部机械管理局。厂区始建于1958年，原名建筑工程部直属工程公司机械站，1958年更名为建工部第一工程局，并于1958年11月南下参加建设第二重型机器厂和东方电机厂，1959年7月更名为四川省建筑工程机械厂；1990年1月，经四川省政府批准，下放给德阳市，与矿机厂合并；1990年4月，德阳市政府决定合并成立德阳东方石化通用设备总厂；1994年6月，在四川省正式注册成立四川金鑫股份有限公司。

1958年，东北工业部机械管理局南迁至四川省的德阳，成为德阳建厂最早的企业。该厂当时的名称是"中央人民政府建筑工程部第一工程局机械厂"，主要承担建工部一局系统内的工程机械和汽车运输设备的加工、修理任务，先后参加了第二重型机器厂、东方电机厂、长城特钢（江油）、成都420厂、成都132厂、101风洞国防工程、四川维尼纶厂、绵阳曙光机械厂等国家重点工程和二重、东电续建、东方汽轮机厂、东方电工机械厂、第二物探大队、四川省玻璃纤维厂等西南地区一大批三线企事业单位的建设，为中国的工业体系建设和三线建设做出了重要的贡献。

（2）工业遗存区位条件：四川金鑫股份有限公司位于四川省德阳市金江街，岷山路以西，嘉陵江路以北，附近城市干道有华山路、嘉陵江路、岷山路、沱江路，交通较为便利，距德阳市中心城区约15分钟车程。在该公司周边30分钟路程内，有四川建筑职业技术学院与四川工程职业技术学院两所高职院校。该公司与第二重型机器厂、东方汽轮机厂、东方锅炉厂、四川蓝星机械有限公司等相距很近。

厂区处于工农村老生活圈中，为中心城区南部生产生活风貌景观区；同时位于成德绵旅游观光带上，具有明显的区位优势。

（3）规划布局。

①建筑布局：厂区内建筑密度较大，呈现出典型的工厂建筑布局方式，建筑布局规整，利于功能分区布局，且厂房层高较大，利于打造多元立体空间；有些建筑年代久远，部分窗户、雨篷等细节处有损坏，但主体结构保存完整，改造、再利用可行度较高。

②道路交通：外部道路呈两横三纵的布局，北至绵阳城区，南到成都市，西接天元镇，东至中江。该公司主要出入口道路延伸至南侧与嘉陵江西路相接（图1.73）。

图1.73 外部道路

内部道路依托嘉陵江西路，该公司中部有一条道路将其分隔为东西两片区，影响了公司的连贯性和安全性。内部交通结构简单、规整，西片区自成环路，交通较为便捷；东部建筑布局杂乱，道路组织无序，难以形成网络，东西片区交通联系较弱，结构性缺陷明显；厂区只有一个出入口，可达性较差（图1.74）。

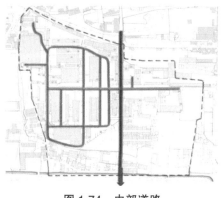

图 1.74　内部道路

1.2.3.2　遗产构成

（1）自然环境（地形地貌、植被等）：厂区绿化面积大，绿化覆盖率高，植被类型多，树龄长，拥有部分名贵树木，有被列入"德阳市卫星定位、国家保护古树名录"的两棵上百年的紫薇树，几十年树龄的金桂、香樟、红梅等名贵树木，以及数十年树龄的法国梧桐（图1.75）。

（a）

（b）　　　　　　　　（c）

图 1.75　厂区绿化

（2）建筑物、构筑物（厂区、家属区各类型建筑外观、内部等）：企业为满足不同时期生产需要，修建了不同风格的建筑。从20世纪50年代修建的砖木结构厂房（其中两栋被确定为德阳市首批历史保护建筑）到20世纪60—70年代修建的砖混结构厂房和20世纪80年代建的钢筋混凝土结构厂房，各具特色的厂房见证了中国工业建筑结构、材料、施工技术的进步和发展，堪称"厂房博物馆"，可作为中华人民共和国成立后的工业建筑发展历史研究样本。

主要厂房及办公楼、食堂、宿舍等保存较好，部分厂房门窗有所损毁，且屋顶原为木结构、红瓦，由于年久失修，已有所损毁或已改建为玻纤瓦；一些配套用房墙体及屋顶均有损毁。整体建筑质量多为二类建筑，暂且能满足基本需求，可利用价值高（图1.76、表1.5）。

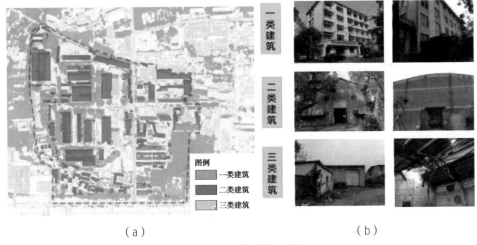

（a） （b）

图1.76 建筑质量及分布

表1.5 建筑质量分类

一类建筑	二类建筑	三类建筑
砖混结构、二层以上建筑	砖混结构、一层建筑	土房、砖搭建房以及震后危房

（3）生产设施、设备：厂区内的各种机械设备拥有浓重的苏式印记，具有相当的观赏性与历史感。厂区内有20世纪30—40年代的日本车床、美国车床、美国行走式吊车、20世纪50年代的苏联立铣、20世纪70年代的波兰卧铣、捷

克钻床、朝鲜车床、国产及自制的老旧机械设备。其中，在苏联专家帮助下，于 1950 年代建成的俱乐部、1959 年建成的 3 栋体量较大的苏式厂房及内部现存的美式和波兰产的机床是典型代表。各设施、设备体现了不同国家不同时代机床制造技术水平，在一定程度上反映出我国机械工业设备发展的轨迹，具有很高的历史价值。

（4）标语、历史照片、档案等资料（图 1.77）。

（a） （b）

（c） （d）

（e） （f）

图 1.77 建筑和各种资料

1.2.3.3 价值浅析

（1）历史价值：四川金鑫股份有限公司老厂区是三线建设时期西南重型机器厂（现为中国第二重型机械集团公司）的配套厂，体现了特殊时代背景下的时代特征。随着生产的逐步发展，内部厂房及配套设施的建设时间涵盖了20世纪50年代末到90年代，有着很好的时间序列，映射出了整个城市工业发展的状态。厂区内的各种机械设备拥有浓重的苏式印记。厂区内还完整保留了20世纪50—60年代的建筑，红墙绿窗，树影掩映，厚重而热情，重现了中华人民共和国成立初期党和人民斗志昂扬、奋勇开拓的那段激情燃烧的岁月。厂区内的国外中小型设备门类齐全，种类繁多，新旧交替，大多保存较完整，具有很高的历史价值。

（2）科技价值：四川金鑫股份有限公司老厂区占地面积约135亩（9万平方米），共有建筑40多栋。三线建设期间，东方电工机械厂、第二物探大队、四川省玻璃纤维厂等一批三线企事业单位相继迁入德阳或在德阳新建，形成配套集成效应。彼时，布点德阳建设的三线项目总投资超过10亿元，占全国的1/20。德阳的工业企业为国家的工业发展提供了坚实的支撑。

1985—1998年，三线调整改造与改革开放的合力带动了德阳现代化的突变式进步，共同推动德阳市发展成为四川省和西部地区的"重要中等城市"。其中，东方汽轮机厂德阳分部的建成巩固了重型机械和动力设备制造业基地在全国生产力布局中的地位，增强了德阳这一重要工业城市的综合辐射力，该厂德阳分部具有很高的科技价值。

（3）社会价值：厂区老旧建筑及设备集中反映了在中国共产党领导下中国工业的发展成绩，充分展示了工业领域的数代职工艰苦创业、无私奉献、团结协作、勇于创新的精神。现有的三线建设厂区老工业历史建筑保存完整，20世纪50—90年代的各种建筑风格得以延续下来，车间内各个时期各种国内外大型工业设备保存完整。三线建设厂区的老建筑是弘扬三线精神的重要场所，是工业历史、国防知识、中国工业建设、爱国主义教育的鲜活教材。

（4）艺术价值：四川金鑫股份有限公司老厂区是在三线建设的特殊历史背景下建设起来的，是在满足生产需要的基础上进行的特殊时代背景下的城市规划和建筑设计。其建筑风格、建筑结构、建筑材料、施工技术等均反映了时代特点。由于生产需要，建筑遵循以功能为主的原则，造型简洁；建筑布局较规整，不同功能区呈现不一样的建筑风貌，具有鲜明的时代特色及艺术美学价值。

（5）再利用价值。

①更新、改造的优势和劣势：

a.德阳作为全国重要的工业城市，拥有悠久的工业历史、丰富的物质资源，且知名度高；四川金鑫股份有限公司老厂区的建筑保存完整，施工量较小，利于改造，德阳提出产业转型、保护工业历史文化、文创振兴发展愿景，该工业遗产再利用在政策上将获得有力支持。

b.该厂区位于德阳城区南侧边缘地带，在地理位置上不占优势，在吸引人流方面同德阳其他传统休闲公园相比劣势较明显。目前，其周边景观单一，多厂区、村庄，未形成系统的景观带。

c.德阳目前尚未有工业主题公园，该厂区存在一定竞争优势与吸引力。德阳是传统工业城市，德阳工业在市民心中留下了深刻印记，该改造项目的落地有利于形成集中展示场所，在市民中获得认同感。

d.德阳地处成德绵乐城市带上，北临绵阳，南接成都，这两个城市的综合影响力明显高于德阳，交通日益通达，德阳本地人才、资金有流失困境。四川已建成的工业遗址类公园、文创项目以成都最多，大多经营现状不乐观，德阳人口、经济等综合实力难以同成都匹敌，在工业遗产再利用设计、经营中要取优舍弊。

②该厂区的再利用价值：德阳提出产业转型、文创振兴发展愿景，对老厂区进行改造和保护可以形成德阳独特的城市记忆，让该市的工业发展历史有迹可循，让老厂区成为德阳工业遗产的展示平台，展示更多的德阳工业文化，起到见微知著的作用，还可增加德阳的活力和人文气息。

老厂房可以通过改造作为旅游项目的空间载体，具有改造成本低、建设周期短的特点。老厂房的改造是发挥老厂房价值、实现旅游项目发展等多赢的选择。

1.2.4 东河印刷公司

1.2.4.1 工业遗存概况

（1）区位条件：东河印刷公司又称"东河造币厂"，始建于1965年，位于广元市旺苍县东河镇长滩坝（图1.78）。东河印刷公司现存主要建筑为502

厂（造纸、印刷）、505厂（发电、供水）以及部分住宅区等，厂区紧邻东河。东河是全县政治、经济、文化中心，是全县能源、交通、通信枢纽，是城乡经济结合部，是商品集散地。以县城为中心，该县中间地势宽阔平坦，南北两侧为梯次浅丘。自东向西的黄洋河在这里汇入源远流长的东河，贯穿全镇，向西流去，像一条白练蜿蜒在青山绿野之间，把全镇划分为"三沟四坝一片梁"。

（a）　　　　　　　　　　　　　　（b）

图1.78　东河印刷公司工业遗产

（2）场地生态环境特征。

地形特征：场地平整，平均海拔高度是484米，位于米仓山之南，水质特别好，四季分明，山脉很清晰。

气候特征：属亚热带湿润季风气候，年均温16.5摄氏度，年降水量920.9毫米。

（3）资源空间聚合特征：厂区建筑周边有杨树、桦树、桉树等植物，这些植物是造纸的原材料。红色旅游资源丰富，旺苍镇是川北颇负盛名的"红军城"。厂区周围有鼓城山，鼓城山为省级风景名胜区。广旺铁路、202省道横贯东西。

1.2.4.2　工业遗存规模

（1）用地规模（厂区用地面积）：500～800亩（33万～53万平方米）地，

南北约 3 千米，东西约 3 千米。

（2）建筑规模：现存建筑较多，功能多样，有造纸厂、发电厂、库房、印刷厂、苏式住宅区等。

（3）建筑外形特征：坡屋顶，坡屋顶的坡度小于百分之十。也有平屋顶。大窗户，自由的立面。建筑外立面以灰砖为主，小部分为红砖。

（4）单体建筑结构特征：厂房建筑主体结构以混凝土以及钢筋混凝土、钢结构为主。住宅以砖混结构为主。

1.2.4.3 发展历史

1965 年建厂，1995 年搬完，搬迁至成都温江的造币厂。

工业生产要素特征：保存了部分德国机器，设备放置在厂房的 1、2 楼；操作的台面比较大，较厚实；硫酸纸以及生产的东河卫生纸。

1.2.4.4 工业遗存再利用概况

（1）再利用现状：部分厂区转化为旺苍县天马丝绸有限责任公司。

（2）融资模式：旺苍县天马丝绸有限责任公司是成都市裕邑丝绸有限责任公司收购旺苍县茧丝绸总公司、旺苍县丝厂后组建成立的蚕桑、丝绸企业，现有固定资产 4 000 多万元，下辖蚕茧公司、丝厂，从业人员 350 多人，其中，中、高级技术人员 86 人，农民工 200 多人。

（3）管理模式：实施"公司 + 基地 + 农户"的蚕业产业化经营，把蚕桑产业的发展与全县农民紧密联系起来，与全县两万户蚕农签订了互惠双赢的蚕茧定价收购合同。在英萃、国华、水磨等 16 个重点蚕桑发展乡镇建立了稳定的蚕茧生产基地，并以蚕茧价格补贴、无偿技术培训等方式，调动蚕农种桑养蚕的积极性，增加农民收入。在该公司的大力扶持和带动下，全县蚕农户平茧款收入显著提高。

（4）经济效益评估：经过近几年的发展，该企业在北部山区建立了有桑树 3 000 多万株、年发养蚕种 2.5 万张、产茧 60 万千克的优质蚕茧生产基地，建有全自动缫丝设备 7 组，年缫丝达到 200 ～ 250 吨，蚕丝平均质量水平达 4A 级以上，年产捻线丝 400 吨，年创产值 1.2 亿元，年创利税 3 000 万元。该企业于 2003 年被广元市委、市政府评为"广元市农业产业经营重点龙头企业"。

（5）再利用存在的问题：蚕丝厂的经济效益还可以，但是部分厂房没有得到充分的利用，厂区住宅建筑闲置较多。严肃处理偷盗原来东河印刷公司珍稀植物的行为，对建筑群里的杂草进行处理，对道路进行翻修。

1.2.4.5 工业遗存价值评估

（1）是否作为文物保护单位或历史建筑及其保护级别：就建筑保护的价值和意义来说，从后期可以再利用看，原东河印刷公司可以作为历史建筑来保护。其历史价值应该相对较高。和文物保护单位进行交流后，可以考虑将其作为文保建筑来保护。

（2）工业遗存发展趋势预测及建议：根据对该工业遗存的特征分析，建议将其作为文化创作工作室、红色旅游基地、真人 CS 场所、办公楼。

东河印刷公司典型建筑信息如表 1.6—表 1.8 所示。

表 1.6 东河印刷公司典型住宅 A1 信息表

A1	住宅楼
建成时间	1965 年
单元数	2
层数	3
立面	 左侧立面
平面	一梯 2 户

A1	住宅楼
屋顶样式	坡屋顶
结构形式	砖混结构，两栋建筑中间部位有局部三层楼房连接
构造特点	青砖砌筑，正立面后期用素水泥砂浆抹面
装饰	钢制门窗、铁制栏杆

表 1.7 东河印刷公司典型住宅 A2 信息表

A2	住宅楼
建成时间	1965 年
单元数	8
层数	2
立面	 正立面
平面	一梯 2 户
屋顶样式	坡屋顶
结构形式	砖混结构，两栋建筑中间部位有局部三层楼房连接
构造特点	青砖砌筑或者红砖立面，窗户小，门连窗没有做好，柱子是用砖砌的

A2	住宅楼
装饰	屋顶的构造形式特殊，且用作雨篷

表 1.8　东河印刷公司典型住宅 A3 信息表

A3	住宅楼
建成时间	1965 年
单元数	2
户数	10
层数	3
立面	 背立面
平面	一梯 2 户
屋顶样式	平屋顶
结构形式	砖混结构，两栋建筑中间部位有局部三层楼房连接
构造特点	青砖砌筑或者红砖立面，窗户小，且很密集
装饰	镂空砖墙面

1.2.5　旭光电子管厂

1.2.5.1　工业遗存概况

（1）规划布局：国营旭光电子管厂（779厂）是三线军工企业，1965年在广元腰鞍山选址，1970年建成投产，位于广元市利州区回龙河街道办事处学工村8组。

（2）场地环境特征。

地形地貌：山地河谷型。

气候特征：广元市属于亚热带湿润季风气候。

（3）场地用地布局：旭光电子管厂旧址（109）选址于广元腰鞍山山麓，周围群山环绕，各建筑顺应地形错落分布，形成巨大的建筑群。厂区部分已经废弃，位于山谷地区，无人居住，周边都是大山，原厂区家属区现为学工村8组，有400人左右。

1.2.5.2　工业遗产建筑

该三线遗址地处城市边缘地带，非常完整地保留着当时的群体建筑格局和单体建筑风貌，整个遗址以工业建筑为主，有少量办公建筑（图1.79）。

（a）

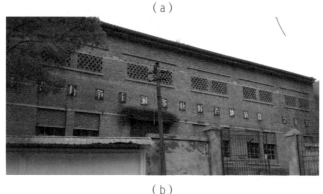

（b）

图1.79　旭光电子管厂建筑遗存

　　该遗址典型单体建筑一般为矩形平面的形式，建筑层数主要为两层或三层，立面以简洁的开窗为设计语言，门窗洞过梁清晰可见，部分建筑的窗洞和女儿墙部位有红砖砌筑的砖花墙，有的墙面还保存着那个时代的标语。许多建筑屋顶有连续出现的拱形构造。初步判断这是通风隔热的构造。

　　表 1.9 是典型办公楼建筑信息表。

表 1.9　典型办公楼 A1 建筑信息表

A1	办公用房
建成时间	1970 年
层数	3
立面	 正立面 左端头部分立面 山墙面

A1	办公用房
平面	一字形平面
屋顶样式	平屋顶，屋面有重复排列的隔热通风拱形构造
结构形式	砖混结构
构造特点	红砖砌筑，立面简洁、实用，充分体现了当时的建筑设计、建造理念，勒脚用水泥砂浆抹面，女儿墙是用红砖砌筑的砖花墙
装饰	钢制门和窗，砖花墙，立面砖砌时代性特征突出的标语

表 1.10 是典型厂房建筑信息表。

表 1.10　典型厂房建筑信息表

A2	厂房
建成时间	1970 年
层数	1

A2	厂房
立面	正立面 左端头立面 右侧山墙面
平面	矩形平面
屋顶样式	人字坡屋顶
结构形式	砖混结构，屋顶结构为大跨度桁架结构
构造特点	红砖砌筑，层高超过 12 米，立面简洁、实用，充分体现了当时的建筑设计、建造理念，窗台板和门窗洞口过梁均使用预制件，高窗窗洞用红砖砌筑的砖花墙封闭
装饰	钢制门和窗，嵌入墙体的钢板上刷有白色漆时代性标语

1.2.6　长城特钢

1.2.6.1　工业遗存概况

（1）规划布局：长城特钢包括四个厂区，分别位于不同的位置（图1.80）。一厂（总厂）位于三合镇，江油城区东部的涪江河畔，与市中心隔江相望。二厂位于厚坝镇，江油市北部42.5千米处的丘陵地区，场镇周围的潼江冲积平坝土质厚实、肥沃。三厂位于含增镇，江油市西部，距离江油市20千米。四厂位于武都镇，四川省江油市的老县城，距江油城区15千米。

图1.80　长城特钢规划布局

（2）场地生态环境特征：

一厂位于三合镇，三合镇地势北高南低，北部石岭片为浅丘地形，南部三合片属平原。该厂区整体平整，平均海拔550米，气候温和，日照充足，雨量充沛，年平均气温17摄氏度，年降水量700～1200毫米，属亚热带湿润季风气候。

二厂位于厚坝镇，厂区在镇区，整体平整。厚坝镇属丘陵宽谷区，常年降雨量为1140毫米左右，主要集中在6—9月。年最高气温35摄氏度，最低气温－4摄氏度，年均气温15摄氏度，无霜期240余天。

三厂位于含增镇，含增镇属丘陵、高山相间地形，有一定的高低起伏。含增镇年降雨量700～1200毫米，气温较低，年平均气温15摄氏度，平均日照900小时，林木生长茂密，属国家天然林保护区。

四厂位于武都镇镇区某山附近，场地有一定高差。武都镇山丘坝兼有，日照充足，雨量充沛。

（3）用地规模：总用地（工业用地和生活区）10 000 亩（约 666.67 万平方米）左右，工业用地约 6 000 亩（400 万平方米），建筑面积约 100 万平方米，老厂房为排架结构（砖混），建筑面积达到 80 万平方米，新厂房为钢结构，建筑面积约 20 万平方米。其中，二分厂生产区面积达 420 亩（28 万平方米），三分厂生产区面积约 800 亩（约 53 万平方米），四分厂生产区面积 2 500 亩（约 166.67 万平方米），含矿山［600 ～ 700 亩（40 万～ 47 万平方米）矿藏］。

（4）典型建筑信息如表 1.11—表 1.13 所示。

表 1.11　长城特钢建筑 A1 信息表

A1	一厂生活区典型住宅
建成时间	20 世纪 60 年代
建筑面积	30 平方米 / 户
单元数	2 个单元
层数	4 层
立面	
屋顶样式	平屋顶

A1	一厂生活区典型住宅
结构形式	砖混结构
构造特点	红砖砌筑，正立面后期用素水泥砂浆抹面
装饰	门窗原为木制，后期部分改为塑钢，铁制栏杆

表 1.12　长城特钢建筑 A2 信息表

A2	二厂生活区典型住宅
建成时间	20 世纪 60 年代
建筑面积	30 平方米 / 户
单元数	2 个单元
层数	3 层
户数	18 户
立面	
平面	厕所独立外置，共用
屋顶样式	平屋顶
结构形式	砖混结构
构造特点	红砖砌筑，正立面后期用素水泥砂浆抹面，再用涂料粉刷
装饰	门窗原为木制，后期部分改为塑钢

表 1.13　长城特钢建筑 A3 信息表

A3	四厂生活区典型住宅
建成时间	20 世纪 90 年代
建筑面积	60 ～ 70 平方米 / 户
单元数	2
层数	6
立面	
平面	一梯 2 户，独立卫生间
栋数	6 栋
屋顶样式	平屋顶
结构形式	砖混结构
构造特点	红砖砌筑，正立面后期用素水泥砂浆抹面，再用涂料粉刷
装饰	钢铁门窗

（5）发展历史：三线建设时期，在冶金工业方面，国务院决定在江油建设高温合金和特殊钢生产基地，长城钢厂应运而生。它始建于 1965 年，于 1972 年陆续建成投产，是国家"三五"重点建设项目。1988 年进行股份制试

点，1995 年 9 月被列为四川省建立现代企业制度试点企业，1998 年 6 月被四川省投资集团整体兼并，2004 年与攀钢集团重组，形成资源、技术优势互补，普钢、特钢紧密结合的钢铁集团——攀钢集团江油长城特殊钢有限公司（简称"长城特钢"）。

（6）空间记忆场所：该工业遗产场所已经没有了当初的热闹，只留下萧条的厂区和冷清的住区（图 1.81）。现在住区内的人对当时的公共场所记忆较深刻，包括俱乐部、托儿所、广场、食堂、公交站台等，这些建筑或设施现在已经被拆除或荒废。

（a）　　　　　　　　　（b）

（c）　　　　　　　　　（d）

（e）　　　　　　　　　（f）

图 1.81　长城特钢图片

1.2.6.2　工业遗存再利用概况

（1）再利用现状：二厂、三厂、四厂停产，一厂部分厂房在生产。

（2）经济效益评估：长城特钢厂区内留存的少数厂房具有鲜明的时代烙印，一砖一瓦甚至破旧的电线杆都见证了长城特钢历史上曾经有过的兴盛。

文化价值：工业遗产具有重要的历史文化价值。它们见证了工业活动对历史和今天产生的深刻影响。长城特钢工业遗产是老一代工人创造的并需要长久保存的文明成果。

社会价值：长城特钢经历了半个世纪，见证了江油巨大变革时期的日常生活。其为国家创造巨大物质财富的同时，也记录了工人难以忘却的人生，成为当地人社会认同感和归属感的基础之一，产生了不可忽视的社会影响。保护好长城特钢工业遗产，能给后人留下相对完整的工业科学技术的发展轨迹。

经济价值：长城特钢见证了工业发展对社会经济的带动作用。工业遗产的特殊形象成为城市的鲜明标志，极具吸引力，有旅游经济开发的潜力。

历史价值：长城特钢是中华人民共和国成立后政治、经济路线的实践载体。工业住区在建筑形式上复制了统一的风格，建筑物按照标准化范式排列起来，形成高度类型化居住小区，通过均衡分配的方式供产业工人使用。同时，该厂住区历史积淀时间较长，保存较完好，是中国工业发展历史的见证。

（3）再利用存在的问题以及保护与再利用建议。

①再利用存在的问题：长城特钢二、三、四分厂处于闲置荒废状态。总厂中，空间结构混乱，生态环境差，基础设施落后，公共设施不完善，厂区活力有待提高，建筑功能特色有待加强。

②保护和再利用建议：可将该工业遗产生产区作为以工业文明为主题的公园，将该工业遗产转化为休憩开敞空间，还可以在其中加入适当的公共文化设施，如工业博览馆、科技馆、钢铁博物馆等，丰富其功能和内涵。同时，加强生态恢复和景观环境的塑造，发展工业旅游项目及相关的服务设施，将其建设成面向公众、充满活力且特色鲜明的城市主题公园。

在工业遗存的外部环境条件彻底改变、引入新功能的条件下，以工业活动遗留的实体资源为改造对象，改变工业建构筑物的使用功能和外观面貌。

长城特钢建构筑物的再利用应与适当的功能相结合，充分发挥其自身的潜力。对于长城特钢内的废弃厂房、铁路，可以打造局部景观，将其改造成厂内员工、居民的休憩、娱乐场所。

　　住区发展趋势预测及建议：第一，应做好绿地景观规划，改善生态环境。在厂区规划防护绿带，栽种可吸收有害气体的植物，在居住区可配置美观的欣赏类植物。修缮道路设施，加强卫生管理，提升居住质量。第二，增加休闲娱乐活动场所。将废旧厂房改造为厂内居民的文化活动场所，如体育活动室；也可将其改造为居民的休闲娱乐空间，如咖啡馆、茶室；或将其改造为小型集市、超市等公共服务设施。改善人居环境，丰富文化活动，提高生活品质。

2 四川三线建设工业遗产特征和分类

2.1 四川三线建设工业遗产特征和分类研究的意义

四川三线建设工业遗产具有分布范围广、保存规模大、工业门类齐全等特点。三线建设工业遗产不论在历史、社会方面，还是在科技、审美等方面，均具有其独有特征。如为了适应不同于平原的特殊地形，三线建设工业遗产从建筑单体到整个建筑群的规划与布置都有鲜明的特色。此外，其"低技术"的营造手段也是亮点。考虑以上因素，对四川三线建设工业遗产进行系统的分类和特征归纳显得尤为重要。

2.2　四川三线建设工业遗产特征

2.2.1　建设时间特征

三线建设历时近 20 年，纵贯国家三个五年计划。1964 年下半年至 1966 年底为四川三线建设的初步发展阶段，也是四川三线建设的第一个高潮；1967—1968 年，受"文化大革命"的影响，四川三线建设受阻，甚至部分停滞；1969—1972 年，四川三线建设进入第二个建设高潮阶段；1973—1983 年是四川三线建设调整、转型时期；1983 年至 21 世纪初，随着国际环境的改变以及国内经济发展的需要，四川三线企业在国家引领下，各自经历了迁建、重组、转型、升级，有些适应不了时代发展的企业破产或解体。随着对四川三线企业的关、停、并、转、迁，大量三线工业旧址废弃、闲置，特别是交通不便捷的偏远山区三线工业旧址废弃、闲置偏多。

2.2.2　空间布局特征

四川有山地、丘陵、盆地等地形，地形地貌起伏变化复杂，符合最初三线企业"依山傍水扎大营"和"靠山、分散、隐蔽"的布局方针。① 由于布局方针指示以及地理条件的限制，位于山区的三线建设项目大部分分散、零星多点布局，形成了建设者所说的"瓜蔓式""羊拉屎式""阶梯式"等布局形态。同时，考虑到交通运输以及能源等需求，四川三线企业大部分沿成渝铁路、宝成铁路、川黔铁路、成昆铁路等铁路干线和长江、嘉陵江、岷江、渠江两岸展开布点。

三线建设的工业布局要求选址必须符合这样的要求：一是接近铁矿区、煤矿区，原料丰富；二是接近煤矿区、水电站，能源丰富；三是水资源丰富；四

---

① 中共中央党校理论研究室.历史的丰碑：中华人民共和国国史全鉴：第 5 卷 [M]. 北京：中央文献出版社，2000：748.

是水陆交通便利；五是地形起伏大，平地少，有利于战略隐蔽。① 例如，广安毗邻重庆，不仅有山高林密、资源丰富的华蓥山，还有自北向南纵贯市域中西部的渠江、嘉陵江。这种"一山两江"、得天独厚的地域优势使广安成为四川三线企业尤其是常规兵器工业企业布点集中的地区之一。先后有十个军工企业、三个煤矿和一个水泥厂在华蓥山中段及嘉陵江、渠江沿岸布点建设。

广安华蓥山区有川东平行岭谷，多高山峡谷，多雾，多溶洞，还有渠江、嘉陵江贯穿其间，符合建设军工厂"靠山、隐蔽、分散、进洞"的原则性要求。

乐山地处四川盆地西南部，位于岷江、大渡河、青衣江汇流处，具有历史条件、地理环境、自然资源等方面的优势，在川内具有举足轻重的地位。乐山地形以丘陵和山地为主，地势由西南向东北倾斜，崎岖起伏，天然地对应了"靠山、分散、隐蔽"的三线建设选址原则。此外，乐山气候温和，物产丰富，交通便捷。因此，乐山成为三线建设项目在四川的重点布局地区之一。在三线建设时期，一大批工业企业和国防科研单位纷纷入驻乐山，308、605、585、525、739 等一个个神秘代号悄然出现在乐山，隐蔽在荒坡野地、高山深谷，尤显神秘莫测。

三线建设期间，眉山布局、建设了一批交通、邮电、机电企业。眉山车辆厂是西南地区生产铁路货运车厢和新型制动机的专业厂；眉山通信设备厂是由上海邮电器材一厂和北京邮电科学研究院搬迁到四川组建而成的，主要生产载波通信设备、测量仪表和电子元器件产品。选址青神县的星华仪器厂（867厂）、建华仪器厂（863 厂）是生产电子元器件和仪器的专厂。

据统计，1965—1980 年，国家累计向四川省三线建设投资 414.03 亿元，分别占全国三线建设总投资 2 052.68 亿元、全国同期基本建设总投资 5 261.76 亿元的 20.17% 和 7.87%。其中，国家在乐山完成基本建设投资 35 亿多元，占全川总投资的 8.4%，建成大中型重点工程项目 23 个，涵盖工业原材料、能源、电子通信、机械制造、专业机电制造等工业门类。② 同时，以成昆铁路为标志的一批交通设施投入使用。建成包括中国核动力研究设计院、核工业西南物理研究院、西南交通大学在内的一批具有国际先进水平的科研教育基地。

---

① 刘吕红，阙敏．"三线"建设与四川攀枝花城市的形成 [J]．唐都学刊，2010，26（6）：5862．

② 数据来源：http://www.scds.org.cn/2021–12/10/126-6003-8056.htm．

2.2.3　产业构成特征

全国三线建设有 40 个工业门类，四川占 38 个，160 个主要工业行业中的 95% 四川都有。① 四川三线建设工业遗产门类包括军工、冶金、机械、电子、原煤、建材、天然气、化工、医药、核工业、航空、航天、导弹发射基地、铁路等。其产业分布具有区域聚集性，如以钢铁及有色金属工业为主导的攀枝花市、自贡市，以电子工业为主导的绵阳市，以机械工业为主导的内江市以及以航天为主导的西昌市。将四川三线建设的项目进行具体安排，建立了以成都为中心的电子科技工业基地，绵阳、广元一带的电子工业、冶金工业、机械工业、航空工业、核工业中心，达州一带的航天工业基地，以乐山为中心的原料工业、电子通信工业以及大型科研基地，以泸州为中心的天然气化学工业基地，广安华蓥山区的军工、能源、建材基地，德阳的重型机械工业基地，攀枝花钢铁工业基地。

攀枝花地处内陆腹地，符合三线建设"靠山、分散、隐蔽"的布局原则，是建立战略后方基地的理想场所。同时，攀枝花有丰富的资源，近矿、近煤、近水、近林，炼钢炼铁的各种辅助原料齐备，符合以钢铁及有色金属为主导的工业门类定位。西昌是少数民族地区，地广人稀，且地形复杂，有利于航天工作不受外界干扰，潜心研究。

2.2.4　情感特征

三线建设工业遗产分布广，资源丰富，拥有丰富的历史建筑、景物、场地空间等记忆场所，承载着一代三线人以及地方居民的难忘的集体记忆。当年成千上万的工人、干部、知识分子、解放军官兵和上千万人次的民工建设者，在"备战备荒为人民""好人好马上三线"的时代号召下，怀着为中国国防军工事业奉献青春的热情，从上海、沈阳、哈尔滨、吉林、北京、青岛等重要的工业城市来到四川的山区，奉献了他们的青春、汗水和智慧。承载着集体记忆的三线建设工业遗产具有鲜明的情感特征，对增强三线人的社会认同感与归属感、促进三线城市文化发展具有十分重要的意义。

---

① 中共四川省委党史研究室，四川省中共党史学会 . 三线建设纵横谈 [M]. 成都：四川人民出版社，2015：227.

2.2.5 价值特征

三线建设工业遗产具有不可取代的精神价值和学习价值。三线建设初期，三线工作者从上海、北京等城市来到西南大后方，克服种种困难，在短短几年时间内建成厂区并投入生产。这种艰苦创业、团结协作、勇于创新、无私奉献的三线精神对年轻的新一代国防科研工作者具有教育和激励意义，对提高学生思想政治教育的针对性和实效性都能起到积极的作用，对当代人而言三线精神是一种"正能量"。

2.3 四川三线建设工业遗产分类

2.3.1 按地理条件分类

四川地形变化多样，地貌复杂，有富饶的天府之地成都平原，也有崇山峻岭的川西、川北连绵山区。关于四川地形地貌，地方志也有记载："岷山连岭而西，不知其极；北望高山，积雪如玉，东望成都，似在井底。"① 根据三线建设工业遗产所处的地理环境不同，可以将其分为平地型和山地型两种类型。平地型三线建设工业遗产主要位于成都、德阳等平原区域，山地型主要位于广元、青川、绵阳、西昌、广安等地。

2.3.2 按区位条件分类

大部分三线建设工业遗产经过搬迁、重组、转型等多重变化，不再仅仅隐蔽于乡野深山之中，一部分并入城市，也有一部分随着自身的发展壮大，带动周边发展，形成城市。以区位条件为划分标准，可将三线建设工业遗产分为大城市型、城镇型、乡村型三种类型。

2.3.2.1 大城市型

20世纪80年代初，随着国际形势的变化和中国改革开放的发展，党中央作出了进行三线建设调整的战略决策并出台一系列扶持政策，部分三线企业开

---

① 徐慕菊.四川省水利志：第二卷[M].成都：四川省水利电力厅，1988: 49.

始向大城市郊区调迁，迁往的城市主要包括成都、绵阳、德阳等。如779厂（旭光电子管厂）1990年由广元搬迁至成都新都，893厂（永星无线电器材厂）从广元搬迁到成都新都；曙光机械厂各下属单位自1983年起陆续从乡野深山中搬迁至绵阳；1965年开始，共21个企事业单位先后迁建于自贡，使自贡市的经济结构发生了根本性变化，形成以机械工业为主导，化学工业、轻工业以及建材等多元发展的经济结构。1964—1968年，国家投放宜宾的重点建设项目49项，其中国防军工项目17项，项目覆盖机械、电子、氯碱化工、有机化工、造纸、轻化工、仓储、兵器等内容，如宜宾三江机械厂、建中化工厂、899厂等一批重点项目。在四川，有因钢铁工业基地的建设而成为西部重要的钢铁、钒钛、能源基地和工业城市的攀枝花市，因电子产业的建设而兴起的绵阳市，因重型机械工业建设而兴起的德阳市和因中国航天工业建设而兴起的西昌市等。随着城市的发展与扩张，位于城市郊区的三线企业被并入城市，形成大城市型三线建设工业遗产。

2.3.2.2　城镇型

广元北依秦巴山脉，南接连绵丘陵，农耕繁忙，民风淳朴，历史悠久。在广元，嘉陵江与南河交汇，宝成铁路、广旺铁路纵横交错，川陕公路南北贯通。广元周边群山连绵，隐秘、沉寂，广元独特的地理、自然条件使其成为三线建设布局的必选之地。在广元布局了雷达、指挥仪、电子器件等的电子工业集群。081总厂为电子工业部规模最大的专业化企业，下属"八厂一库一院一校"即116厂、105厂、118厂、112厂、110厂、102厂、111厂、113厂、806库、410医院、广元无线电技工学校，分布在广元东郊几个山沟，形成了相应的城镇。

1965年初至1976年底，以电力、原料工业和专业机电产品为重点的三线建设在乐山全面展开，共完成35亿多元的基本建设投资，建成大中型重点工程23个。三线建设不仅推动乐山成为四川省的一个重要工业基地，还使乐山城镇新增21万人口，并由小城市发展成中等城市。[①]乐山的不少封闭性大型企业在内部办了学校、医院，建了影院、场馆，使家属生活区逐步演变成一个个乡镇的集市。三线建设促进了龚嘴镇、牛石镇、桥沟镇、九里镇、乐都镇、界牌镇等城镇的诞生。原来是小城镇的夹江、峨眉、五通桥、沙湾、金口河等

---

① 杨超.当代中国的四川[M].北京：中国社会科学出版社，1990：157.

118

逐步发展为工业城市。此外，还有因眉山车辆厂而打造的眉山崇仁镇等。

2.3.2.3 **乡村型**

由于最初三线建设的布局方针，三线企业大部分分散于山野之间，搬迁后，其遗址仍留在那里。由于交通区位、经济等方面条件的制约，只有少量三线建设工业遗产得以再利用，大部分荒置，或用于村民住宅或养猪、养鸡等。乡村型三线建设工业遗产具有保存量大、保存完好度高、自然环境优美等特点。如梓潼曙光机械厂五所、十所，广元东河印刷公司，射洪县3536纺织厂等大山中的三线建设工业遗产，犹如散落在乡间的明珠，等待人们对其价值进行发掘。

2.3.3 按建筑功能分类

三线企业一般都有厂区、办公区、生活区、教育区等，有厂房、车间、办公楼、招待所、专家楼、家属住宅楼、单身宿舍、礼堂、俱乐部、澡堂、医院、托儿所、子弟校、厂区公园、报刊亭。三线建设期间，各个城市、地方政府的工作重点都转向三线企业，在人力、物力、用地等方面均积极配合，同时三线企业要遵循"大分散、小聚集"的布局原则，大部分三线企业用地较富足，内部功能比较完善。大部分工厂除了生产上应该有的厂房、车间和后勤保障之类的建筑外，还建有自己的医院、学校（包括幼儿园、小学、初中、高中、技工学校、职工大学等）、各种商店、食堂、礼堂和招待所等（表2.1）。

表2.1 三线建设工业遗产建筑功能分类表

功能类型	内容
生产、办公类	厂房、车间、办公楼、
生活、后勤类	家属楼、单身职工宿舍、食堂、澡堂、游泳池、医院、招待所、小卖部、邮局、储蓄所、菜市场
教育类	幼儿园、小学、初中、高中、技校、职业大学
运动休闲类	礼堂、灯光球场、厂部图书室、职工花园

2.4 结语和展望

　　四川三线建设工业遗产在分类上呈多样性，并在产业构成、情感、价值等方面均有独特的特征，对四川而言，是一笔宝贵的遗产资源。同时，四川三线建设工业遗产丰富，有 200 处以上，大部分未被发掘或系统整理。希望通过本书的四川三线建设工业遗产特征和分类研究，使三线建设工业遗产能得到更多的关注和认可，使三线人的精神能更广泛地传播；同时，能为三线建设工业遗产接下来的保护和再利用提供研究、设计基础。

3 三线建设工业遗产典型活化模式

三线建设工业遗产有别于传统工业遗产，其性质以及地理位置的特殊性使我们不能完全以传统工业遗产的保护和活化模式对待它。本研究以记忆场所为切入点，以保护和活化后达到物质环境的认知认同、行为的参与认同、情感与意义的体验认同为目标，探讨具有不同特征的三线建设工业遗产保护和活化策略。

本研究选取绵阳市朝阳厂为重点研究对象，进行三线建设工业遗产活化模式研究。朝阳厂位于绵阳市区，紧邻富乐山风景区，区位条件得天独厚，现存工业遗产量大，有完整的办公、生产区和生活区，工业建筑功能丰富，建筑形态多样，因而适合作为典型研究案例。

3.1 案例背景

3.1.1 项目情况

绵阳市朝阳厂位于四川省绵阳市游仙区，处于《绵阳市历史文化名城保护规划》中"三国文化走廊"的位置。其南侧为绵阳最大的三国文化游览组团——富乐山风景区，北侧为渔父村自然生态游览组团和金牛古道游览组团，西侧是展示科技文化和核工业历史的科技馆以及科学家公园，三国文化、涪翁文化、古道文化、科技文化将厂区三面包围。朝阳厂工业遗址是绵阳具有代表性的三线建设工业遗产之一，具有三线建设"山、散、边"的典型特征。

厂区内保留了多栋办公、生产、居住以及休闲等类型建筑，其建设时间多是 20 世纪 70 年代和 80 年代，建筑风格为苏联援建期间的苏式建筑风格以及三线建设期间典型的红砖建筑风格。同时，朝阳厂还保留了大量生产设备。随着朝阳厂的倒闭，生产厂房和生产设备已被闲置。

3.1.2 项目历史沿革

朝阳厂前身是三线建设时期著名的兵工厂四川朝阳机械厂，是中国三线工业及兵器工业发展的重要见证。随着时代的发展，朝阳厂原有功能已不存在，内部大量工业建构筑物被荒废。朝阳厂存在了半个世纪以上，其部分工业建筑已经具备了成为工业遗产的条件。

朝阳厂建立于 20 世纪 60 年代，是国家重点布局的较早的一批工业项目之一，主要生产军用品。

20 世纪 60—90 年代，朝阳厂给绵阳带来了当时最先进的生产力和生产模式，使得绵阳的工业从无到有、从有到强。

朝阳厂的发展和扩大在很大程度上是因为战备，随着时代的变迁，到了 1990 年，这个军工厂已经负债累累，昔日的朝阳厂已黯然无光。在这样的情况下，朝阳厂积极改革，由兵工企业转变为汽车机械厂，就这样，朝阳厂迎来了它的第二次创业。然而在 2000 年左右朝阳厂开始逐渐衰落，勉强维持，发展动力已显不足。

到 2001 年，随着国家"退二进三"战略的实施和绵阳市的发展，朝阳厂的衰退特征已十分明显，工厂占用的土地被城市土地包围，往日的繁荣已一去不复返，在经济、文化、环境等诸多方面逐渐被城市的其他区域超越。2004 年，该企业宣布政策性破产。

3.2　区域发展背景分析

3.2.1　地理区位

朝阳厂工业区位于四川省绵阳市游仙区，西眺芙蓉溪，南临富乐山公园，东临东山生态保护区（图3.1）。

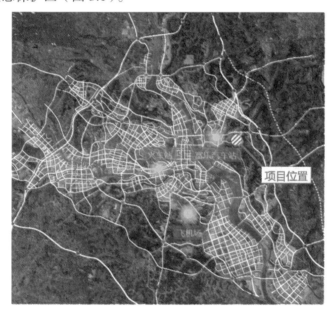

图 3.1　朝阳厂位置

朝阳厂与绵阳市主要交通站点的距离如表 3.1 所示。

表 3.1　朝阳厂与绵阳主要交通站点的距离

绵阳主要交通站点	朝阳厂与绵阳主要交通站点的距离（千米）
绵阳市火车客站	8
绵阳市飞机场	12.5

绵阳主要交通站点	朝阳厂与绵阳主要交通站点的距离（千米）
富乐汽车客运站	2.5
平政客运站	6.8
绵阳客运总站	8.7

3.2.2　交通区位

厂区仅有一个出入口，与厂区出入口相连的片区主干道向西延伸，连接至仙人路，形成与城市主干道路仅有的交通联系，而片区东、南、北侧均没有形成与城市干道的直路联系，使得厂区可达性差。附近仅有 17 路、55 路两条公交线路。厂区距西侧 G108 国道约 3 千米，北侧规划有快速路通过（图 3.2）。

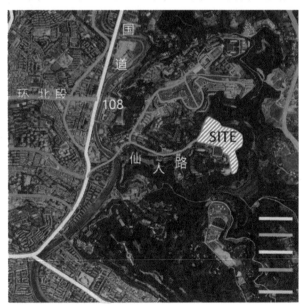

图 3.2　厂区交通区位

3.2.3　文化景观区位

朝阳厂工业区周边文化教育设施、科研场所资源丰富。其周围自然环境优美，地貌复杂，高差较大。其用地呈不规划形状，东、南、北三面被自然山体包围。

　　绵阳是一个文化旅游资源以及科教资源相当丰富的城市，朝阳厂北距绵阳职业技术学院 0.9 千米，南离富乐山公园 4 千米，西距绵阳科技馆 2 千米（图 3.3）。朝阳厂自身也蕴含着相当丰富的文化内涵，在进行修建性详细规划时应充分考虑其背后的文化与科教因素，结合当地的人文特色以及历史因素进行设计，唤起绵阳人对朝阳厂的记忆。

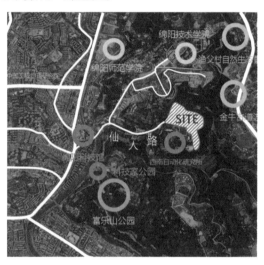

图 3.3　朝阳厂文化景观区位

3.3　建设现状分析

3.3.1　功能分区

朝阳厂分为办公区、生活区、工厂区、仓储区等区域（图 3.4）。

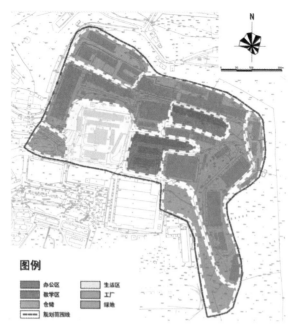

图 3.4　朝阳厂功能分区

3.3.2　建筑层数

建筑层数以一层为主，二层夹杂其间，三层及四层较少（图 3.5）。其中，一层建筑主要为厂房，二层和三层建筑主要为教学楼和宿舍楼。厂房类建筑层数均较少，无明显高差，风貌较为统一。

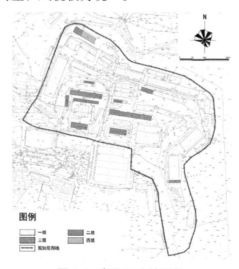

图 3.5　朝阳厂建筑层数

3.3.3 建筑结构

厂区内厂房为排架结构，宿舍楼、教学楼、医院以及部分库房为砖混结构（图3.6）。排架结构内部空间大、宽敞，跨度大，且建筑体量较大。

图例

☐ 排架结构 ■ 砖混结构
☐ 规划范围线

图 3.6 朝阳厂建筑结构

3.3.4 建筑年代

朝阳厂内部的建筑建设时间以 20 世纪 70—80 年代为主，20 世纪 60 年代和 90 年代建设的建筑较少。现存的建筑可分为三类：一类建筑保存质量较好，只需稍微修缮；二类建筑保存质量一般，经过一定的重修可以保留；三类建筑保存质量差，建议拆除或重建（图 3.7）。

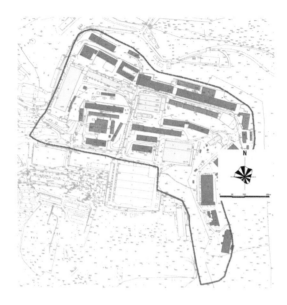

图 3.7　朝阳厂建筑质量分类

3.3.5　道路系统

　　厂区内道路系统不完善，缺乏有效的组织和协调，道路质量较差。该工业遗产内部道路多为尽端式，不能形成环线交通，主要道路路幅为 12 米，其余道路的路幅以 5 米为主，最窄路幅的道路宽度为 3.5 米（图 3.8）。

图例

▭ 主要道路　　　▭ 次要道路
▭ 规划范围线

图 3.8　朝阳厂道路系统

3.3.6　景观

整个厂区自然环境优美，地貌复杂，高差较大。用地呈不规则形状，东、南、北三面被自然山体包围，生产区主要位于山体的低洼处。一条绿色景观带贯穿整个厂区，将厂区分为南北两个台地，高差为 6 ～ 12 米。

厂区内绿地资源丰富，主要分布于入口区域以及山体坡地中，自然环境优越，植被丰富多样。但厂区长期废弃，绿地缺乏人为的引导和梳理，绿地杂乱，不成体系，使得建筑周边杂草丛生。厂区内部由于地形高差，形成台地绿地景观。

厂区北侧、东侧均被山体绿化覆盖，植被茂盛，自然环境优越。厂区内树种主要为香樟，其余树种有桉树、柏树、梧桐等（图 3.9）。

图 3.9　朝阳厂树木

3.3.7　构筑物

　　厂区内遗留了少量烟囱、公告牌、废旧消防栓、梯子、导弹模型等构筑物（图 3.10—图 3.15），此类构筑物由于其形态上独具工业特色，可以成为区域的标志物。人们对其进行景观性改造，可以提高其辨识度，对此类元素可根据设计的需要进行选择性保留。

图 3.10　烟囱（砖材质）

图 3.11　梯子（金属材质）

图 3.12　消防栓（金属材质）

图 3.13　导弹模型（金属＋木材材质）

图 3.14 烟囱（金属材质）　　图 3.15 宣传栏（砖灰材质）

3.4 朝阳厂改造项目评价

3.4.1 场地高程分析

场地最高高程为 525 米，最低高程为 470 米，高差相对较大；呈东北向西南地势逐渐降低的趋势（图 3.16）。

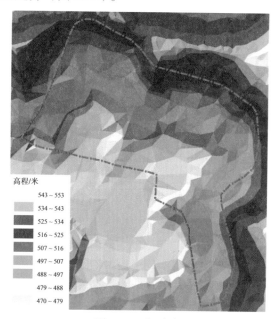

高程/米
543 ~ 553
534 ~ 543
525 ~ 534
516 ~ 525
507 ~ 516
497 ~ 507
488 ~ 497
479 ~ 488
470 ~ 479

图 3.16 场地高程

3.4.2　场地坡向分析

场地坡向变化相对不大，因地势高差影响，坡向多为东北向（图 3.17）。

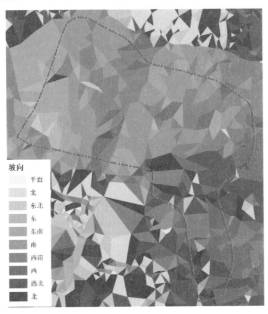

坡向

平面

北

东北

东

东南

南

西南

西

西北

北

图 3.17　场地坡向

3.4.3　场地坡度分析

场地高差大，部分区域坡度较大，形成明显的台地之势（图 3.18）。

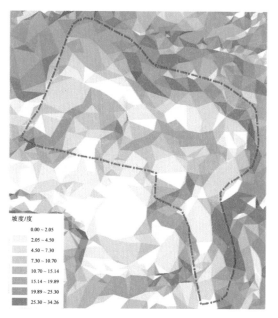

坡度/度
　0.00～2.05
　2.05～4.50
　4.50～7.30
　7.30～10.70
　10.70～15.14
　15.14～19.89
　19.89～25.30
　25.30～34.26

图 3.18　场地坡度

3.4.4　场地用地适宜性评价

根据高程、坡向、坡度三者结合分析进行场地用地适宜性评价（图 3.19）。

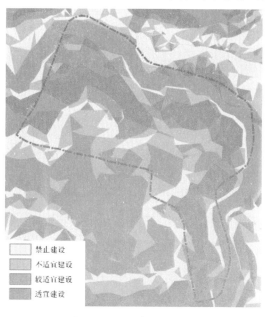

禁止建设
不适宜建设
较适宜建设
适宜建设

图 3.19　场地用地适宜性

3.4.5 综合评价

通过对研究对象的现状分析，发现其存在以下主要问题和发展潜力。

问题一：建筑布局分散，朝阳厂建筑受地形影响，布局十分分散，缺乏有效的空间肌理联系。

问题二：道路交通系统不完善，朝阳厂地处游仙区深处，仅通过一条城市支路与厂区外面联系。

问题三：建筑体量大，拆除成本高，改造难度大。

问题四：遗留构筑物少，朝阳厂现为工业遗产，但由于其军工厂背景，遗留构筑物少，反映历史背景的所剩无几。

潜力一：区位优势明显，朝阳厂周边文化旅游资源丰富，西眺芙蓉溪，南临富乐山公园，东临东山生态保护区。

潜力二：景观环境优异，厂区自然环境优美，东、南、北三面被自然山体包围，一条绿色景观带贯穿厂区。

潜力三：改造需求迫切，朝阳厂占用的土地被城市土地包围，往日的繁荣已一去不复返，在经济、文化、环境等诸多方面逐渐被城市的其他区域超越。急需加以改造，创造新的活力。

3.5 设计理念

3.5.1 增强厂区活力

对于朝阳厂现存的小尺度的工业遗留建筑，可以赋予商业功能，满足外来游客以及厂区改造后内部人员的基本生活需求；对于其传统的砖混建筑结构形式予以尊重的同时进行改建，优化建筑的采光，加固建筑；对于依附于建筑生长的藤本植物，在不影响建筑使用功能的前提下尽可能多地保留，以此作为建筑历史年代的参照（图3.20）。同时，丰富厂区的游览路径，塑造通达的交通结构，建立完善的游览交通体系，一个地区的活力在很大程度上取决于交通的通达性。

（a）　　　　　　　　　　　　（b）

图 3.20　建筑和植物

3.5.2　构筑物活力再现

朝阳厂遗址以建筑物为主，以构筑物为辅。对于现存的少数构筑物，要加以保护与充分利用，可以加建现代化构筑物或具体功能性设施，形成新旧对比与反差，给游客以发展、动态的观感（图 3.21）。

（a）　　　　　　　　　　　　（b）

图 3.21　构筑物

3.5.3　建筑活力再现

厂房改造的重点在于建筑未来的功能业态；建筑的内部与外部空间布局均取决于未来的使用功能，在不确定建筑未来租户的情况下，建议对建筑进行适量保守的改建，方便租户对厂房的二次改建；同时，重点处理建筑与外部环境的关系，以整体的眼光审视朝阳厂旧址，避免脱离环境改建建筑（图 3.22）。结合北京胶印厂案例启示，在对建筑物改造时，我们也要充分尊重其历史内涵，杜绝对建筑外在形式的任何遮掩，将历史建筑的原真性充分展现在游客面前。同时，建筑物活力的再现还取决于未来功能植入的合理。在未来的设计中，我们可借鉴北京胶印厂改造案例，塑造与建筑结构完美契合的功能业态，使建筑焕发新生。

（a） （b）

图 3.22 建筑物

3.6 改造目标和方式

3.6.1 项目定位

在落实修建性详细规划之前，对该项目进行评估定位，参考外部因素、内部因素、人群需求 3 个方面。

3.6.1.1 外部因素

绵阳市中心区旅游业现状分析：根据绵阳市政府网站公布的数据，2017年旅游总收入 533.22 亿元，绵阳中心区 A 级景区 8 个，接待游客总数 5292.76万人次，以自然风光旅游为主，以历史文化旅游、科技商务旅游为辅。中心城区内的主要景点有涪龙苑旅游景区、绵阳科技馆旅游景区、绵阳市仙海旅游景区、绵阳市越王楼·三江半岛景区、富乐山旅游景区、绵阳市涪城区晨曦森林度假村旅游景区（图 3.23）。

图 3.23　绵阳市中心城区的主要景点

　　旅游业已成为绵阳重要的经济支柱之一，但中心区 A 级旅游景区同质化严重，缺乏有代表意义的三线文化景区。

　　项目周边文化旅游业现状分析：在城市文化方面，朝阳片区恰处《绵阳市历史文化名城保护规划》中"三国文化走廊"的位置。朝阳厂工业区周边文化教育设施、科研场所资源丰富。三国文化、涪翁文化、古道文化、科技文化将厂区三面包围，但厂区目前的道路不能有效连接临近景点，与各景区之间相互独立（图 3.24）。

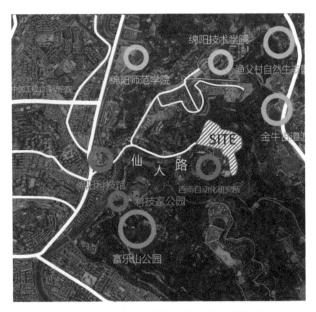

图 3.24 朝阳厂对外交通道路和附近景点

绵阳市游仙区朝阳片区控制性详细规划解读：依据用地现状和区域特色，将改造项目定位为集工业遗产展示、文化创意、休闲旅游、展览会议、体育健身等功能于一体的宜居组团和城郊文化旅游新区（图 3.25）。

（a）

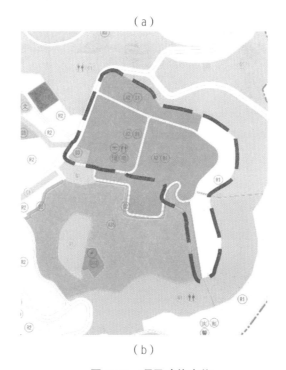

（b）

图 3.25　项目功能定位

3.6.1.2　内部因素

朝阳厂的三线工业历史脉络：1964 年，中央确定在国防第三线的西南地区规划三道防线，进行以国防工业为重点的三线建设。为此，1964 年 4 月，国防科工委第九研究院内迁至绵阳的梓潼。1965 年 5 月，中央决定让国防科工委第九研究院在绵阳建设科研基地。自 1965 年后，许多国防工业企业、科研院所陆续内迁至绵阳，使绵阳开始向现代军工电子基地、钢铁工业城市发展，朝阳厂正是这个时期建设的著名兵工企业。朝阳厂作为绵阳甚至整个西南地区三线建设时期重要的兵工企业，为国家的建设做出过杰出的贡献，是西南地区三线建设文化的杰出代表。

朝阳厂遗留建筑艺术气息浓厚，可再利用建筑多。

建筑年代：以 20 世纪 70 年代和 80 年代为主。

建筑质量：部分厂房质量良好。

建筑特质：具有三线建筑特色，具有独特的历史和文化价值。

空间肌理：顺应山势的布局方式。

外部空间：用地紧凑。

建筑外轮廓和立面：多样性（图 3.26）。

建筑内部空间：空间较大，相对开阔（图 3.27）。

保留的构筑物：少量，特色明显（图 3.28）。

环境现状：自然环境优美，地貌复杂，高差较大。

环境给人的感觉：独立、幽寂。

保留的植被：多样，杂乱（图 3.29）。

图 3.26　建筑外轮廓和立面

图 3.27 建筑内部空间

图 3.28 保留的构筑物   图 3.29 保留的植被

3.6.1.3 人群需求

服务对象分析：在游客方面，川内游客占 92%，川外游客只占 8%，这对接下来设计的指导意义在于场地的设计要以本地化元素为主，意在唤起本地人对朝阳厂的记忆与情怀；厂区使用者以工厂未来入驻的经营者为主，还有未来厂区内的职工，这就要求保证厂区内基础设施的合理配置和功能配比（图3.30）。

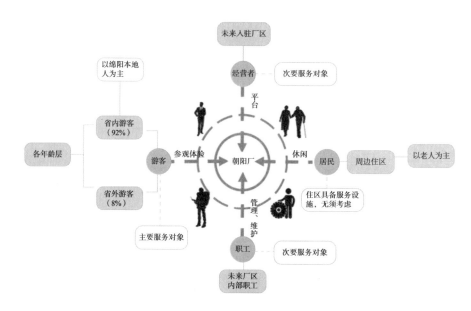

图 3.30　服务对象

　　游客需求分析：基于项目的定位和游客分析，进一步确定游客的需求，进而合理布置商业业态。在商业方面，以纪念品销售、传统购物和特色商业为主，丰富场地商业构成；在工业文化展示方面，以大体量的展示性建筑和小体量的互动性建筑组合为主，强调文化展示形式的多样性；在餐饮、娱乐方面，以主题餐厅和快餐便餐以及主题咖啡馆的结合为主，还有摄影以及工艺模型制作等功能，增强场地的活力（图 3.31）。

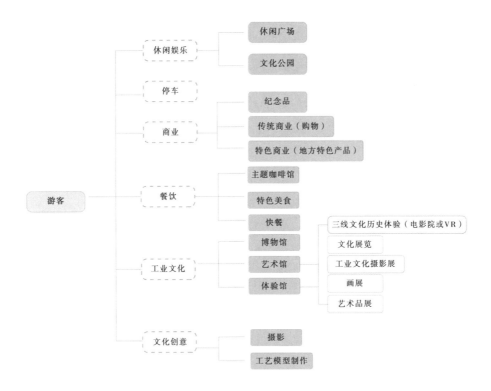

图 3.31　游客需求

经营者、职工需求如图 3.32 和图 3.33 所示。

图 3.32　经营者需求

图 3.33　职工需求

根据以上分析，项目定位如图 3.34 所示。

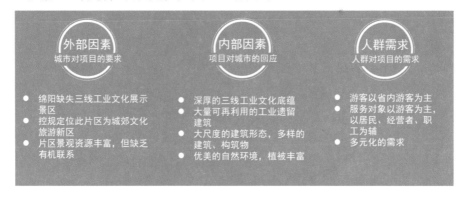

外部因素
城市对项目的要求
内部因素
项目对城市的回应
人群需求
人群对项目的需求
绵阳缺失三线工业文化展示景区
控规定位此片区为城郊文化旅游新区
片区景观资源丰富，但缺乏有机联系
深厚的三线工业文化底蕴
大量可再利用的工业遗留建筑
大尺度的建筑形态，多样的建筑、构筑物
优美的自然环境，植被丰富
游客以省内游客为主
服务对象以游客为主，以居民、经营者、职工为辅
多元化的需求
以三线工业文化为核心，以文创、休闲、商务为辅的多功能景区

图 3.34　项目定位

3.6.2　保护与活化方式

保护与活化方式如图 3.35 所示。

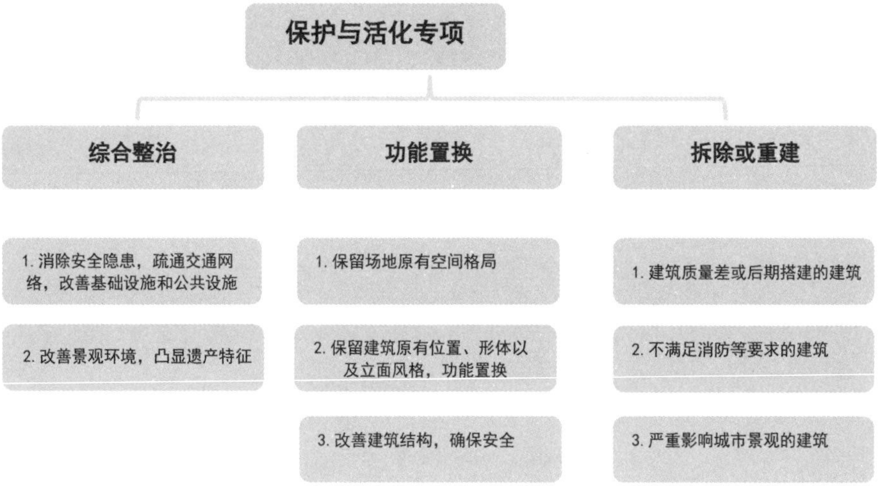

保护与活化专项
综合整治
功能置换
拆除或重建
1. 消除安全隐患，疏通交通网络，改善基础设施和公共设施
2. 改善景观环境，凸显遗产特征
1. 保留场地原有空间格局
2. 保留建筑原有位置、形体以及立面风格，功能置换
3. 改善建筑结构，确保安全
1. 建筑质量差或后期搭建的建筑
2. 不满足消防等要求的建筑
3. 严重影响城市景观的建筑

图 3.35　保护与活化方式

3.7 改造策略

3.7.1 改造理念

3.7.1.1 城市触媒理论与旧工业区更新、改造

城市触媒理论是指在城市改造的过程中策略性地引进新元素，以复苏城市中现有元素，而不需要彻底改变它们，从而促使城市建设条件客观成熟，促进城市进一步发展。

城市旧工业区更新、改造是城市规划的一个缩影，可以让一个城市变得更加美丽，而且对城市的布局及产业结构的调整有着重大意义。旧工业区在告别了昔日的辉煌与灿烂后面临着改造与更新，通过合理规划，因地制宜地进行合理的布局，根据城市的发展要求，遵循城市规划，使之满足当代发展的需要，对城市的整体发展具有重要的经济、生态和文化意义。旧工业区更新和改造不可避免地包含两个对立的过程：更新与保护。引导这种改变向着双赢的方向发展，是城市触媒理论在城市旧工业区更新、改造中的重要作用。

城市触媒理论的作用特征如图 3.36 所示。

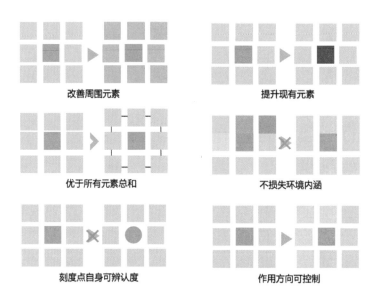

改善周围元素　　　　提升现有元素

优于所有元素总和　　不损失环境内涵

刻度点自身可辨认度　作用方向可控制

图 3.36　城市触媒理论的作用特征

城市触媒理论的激活、转化模式如图 3.37 所示。

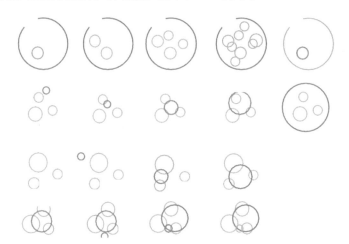

图 3.37　城市触媒理论的激活、转化模式

置换：刻度点的生长对原有地段功能的置换。

扩展：刻度点扩展后对原有地段整合，形成新的组群。

连接：刻度点起到缝合作用，对原有地段的串联。

共享：刻度点融入原有地段中，共享资源成为其组成部分。

3.7.1.2　相关概念和要素

刻：修饰、装饰；形容极度深刻；雕刻，使具有印记。度：尺寸、长短；法制、法则；限度、限定；时空的范围；平衡与自然；精神境界（图 3.38）。

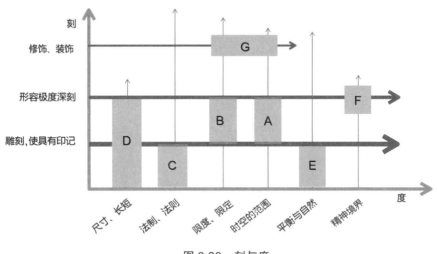

图 3.38　刻与度

厂区改造要素分析如下。

图 3.38 中 A 为时间要素：朝阳厂为 20 世纪 60—70 年代国家三线建设留下的产物。追溯各时代的时间记忆，使之成为不被遗忘的光阴。

B 为空间要素：建筑周边空间以及遗留空地与新植入功能的结合。充分利用空间，构建"旧貌新城"。

C 为建筑要素：对建筑进行综合评价后的保护、改建以及拆除等。增加人群需求的功能，重塑建筑活力空间。

D 为延伸要素：对建筑肌理、尺度等进行保护与传承，新增建筑延续原有建筑肌理。

E 为景观要素：对原有景观元素进行分析与发掘，充分利用厂区景观资源，塑造新型景观。

F 为文产要素：使朝阳厂文化保留、延续，打造文化链条。致力于第二产业向第三产业转型，文化 + 产业双引擎推动厂区发展。

G 为节点要素：设定若干刻度点，原有刻度点与新增刻度点形成触媒带，激发厂区活力，催化厂区复兴。

3.7.2 具体的改造策略

3.7.2.1 时间要素

朝阳厂为 20 世纪 60—70 年代国家三线建设的产物。可追溯朝阳厂的历史沿革，使其历史不被遗忘（图 3.39）。

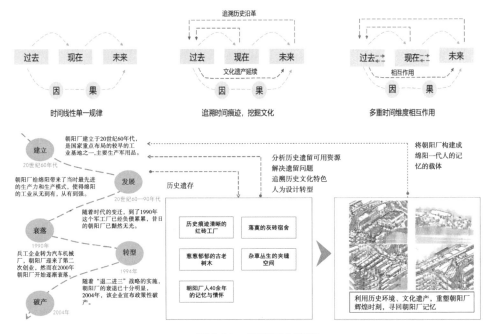

图 3.39 追溯历史沿革

3.7.2.2 空间要素

将建筑周边空间以及遗留空地与新植入功能相结合，充分利用空间，构建"旧貌新城"（图 3.40、图 3.41）。

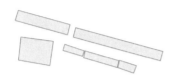

（a）连续式
地块内沿道路线性连续排布
建筑，组织连续的穿透空间

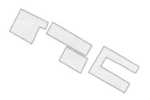

（b）围合式
地块内西北部有少量围合空间，由
于厂区内部建筑密度较小而少见

（c）行列式
地块内建筑多为厂房、办公
建筑、宿舍建筑等，以行列
式为主

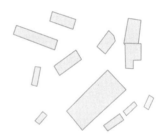

（d）散布式
地块东部建筑体量较小，建筑排布
较为自由、散乱，空间开敞、无序，
缺乏空间组织体系

图 3.40　厂区现有空间模式

图 3.41　厂区现有空间类型

3.7.2.3　建筑要素

对建筑进行综合评价后，对其进行保护、改建以及拆除等，注入人们需要的功能，重塑具有活力的建筑空间（图 3.42—图 3.44）。

图 3.42 现有建筑保留、拆除

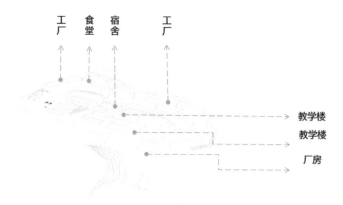

图 3.43 多功能、多尺度建筑

图 3.44 建筑色彩提炼

  厂区内多为工业厂房，外立面呈砖红色，少数原有职工宿舍、食堂等为灰白色外墙，屋顶大多为深砖红色。拟保留原有建筑色彩，新建建筑当与原有建筑色彩保持一致（图 3.45）。

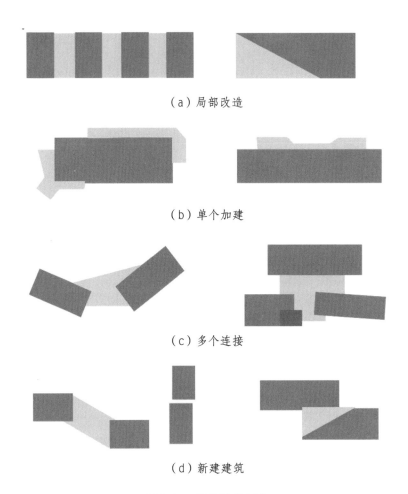

（a）局部改造

（b）单个加建

（c）多个连接

（d）新建建筑

图 3.45　建筑重塑策略

3.7.2.4　延伸要素

运用车行、人行道路联系各建筑，对建筑肌理、尺度进行保护与传承，新增建筑延续原有建筑肌理（图 3.46、图 3.47）。

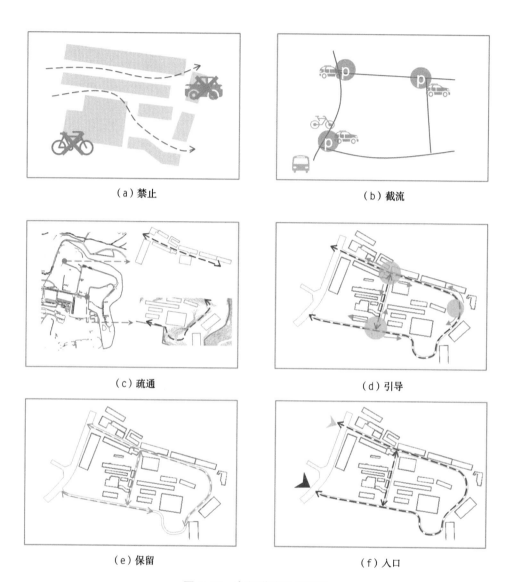

（a）禁止

（b）截流

（c）疏通

（d）引导

（e）保留

（f）入口

图 3.46 车行道路延伸策略

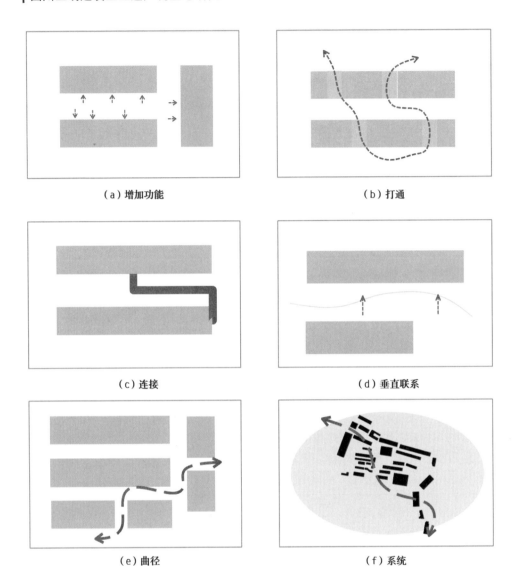

（a）增加功能　　　　　　　　　　（b）打通

（c）连接　　　　　　　　　　（d）垂直联系

（e）曲径　　　　　　　　　　（f）系统

图 3.47　人行街巷延伸策略

3.7.2.5　景观要素

对原有景观元素进行分析，充分利用朝阳厂景观资源，打造新型景观（图
3.48—图 3.50）。

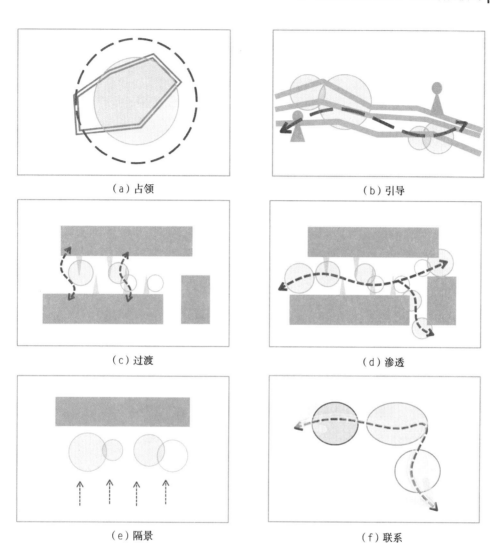

（a）占领

（b）引导

（c）过渡

（d）渗透

（e）隔景

（f）联系

图 3.48 景观多样化

（a）地面种植

（b）垂直绿化

图 3.49 景观多层次

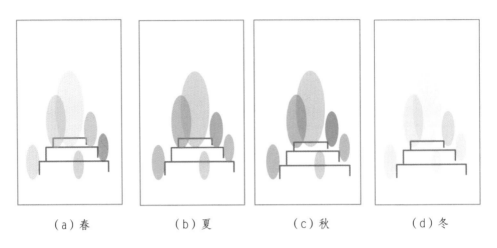

（a）春　　　　　（b）夏　　　　　（c）秋　　　　　（d）冬

图 3.50　景观多季节

3.7.2.6　文化要素

保留、延续朝阳厂文化，打造文化链条。致力于第二产业向第三产业转型，文化＋产业双引擎推动厂区发展（图 3.51—图 3.53）。

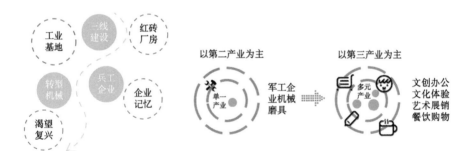

图 3.51　第二产业向第三产业转型

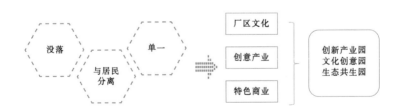

图 3.52　产业多元化创新

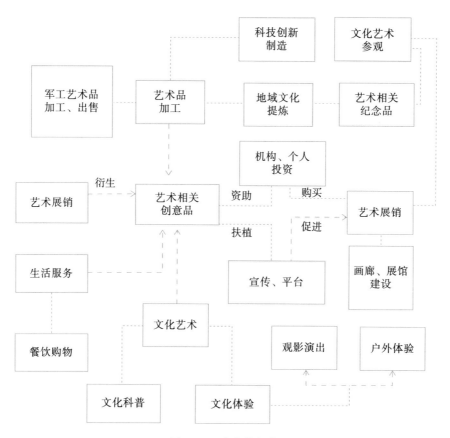

图 3.53　产业休闲化

响应后工业时代号召，以文化带动第三产业发展，发展娱乐休闲化的服务型产业。

3.7.2.7　节点要素

设定若干刻度点，使原有刻度点与新增刻度点形成触媒带，激发厂区活力，催化厂区复兴（图 3.54—图 3.57）。

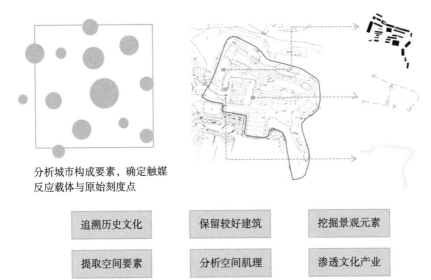

分析城市构成要素，确定触媒
反应载体与原始刻度点

追溯历史文化	保留较好建筑	挖掘景观元素
提取空间要素	分析空间肌理	渗透文化产业

图 3.54　寻找厂区内的原始刻度点

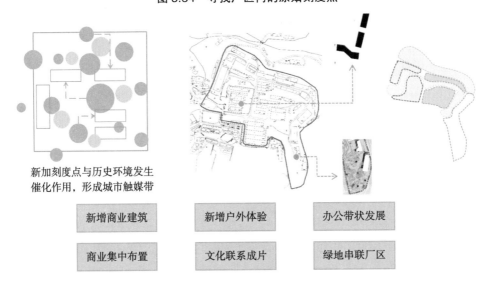

新加刻度点与历史环境发生
催化作用，形成城市触媒带

新增商业建筑	新增户外体验	办公带状发展
商业集中布置	文化联系成片	绿地串联厂区

图 3.55　新增刻度点，形成触媒带

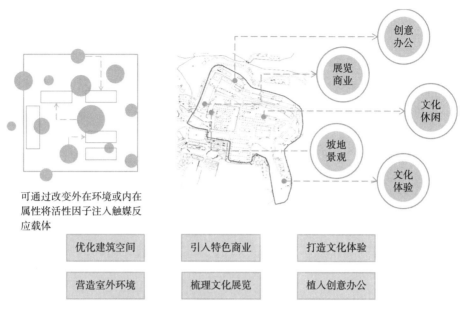

可通过改变外在环境或内在
属性将活性因子注入触媒反
应载体

优化建筑空间	引入特色商业	打造文化体验
营造室外环境	梳理文化展览	植入创意办公

图 3.56　改变环境与属性，增加活性载体

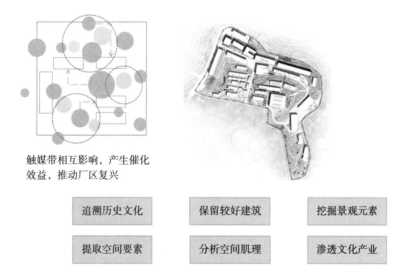

触媒带相互影响，产生催化
效益，推动厂区复兴

追溯历史文化	保留较好建筑	挖掘景观元素
提取空间要素	分析空间肌理	渗透文化产业

图 3.57　触媒带互相影响，推动基地复兴

3.8 建筑改造

3.8.1 建筑改造方式

3.8.1.1 外部新建构筑物

通过增加外部新建构筑物，改变旧工业建筑立面简洁朴素的样式，新构筑物的构成方式、表面肌理、色彩、材料等因素与旧工业建筑形成鲜明对比，增加建筑活力（图3.58）。

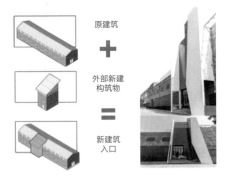

图 3.58 外部新建构筑物

3.8.1.2 增加高架走廊

通过增加高架走廊，增强旧建筑的可浏览性，形成参观廊道，改变建筑的使用功能（图3.59）。

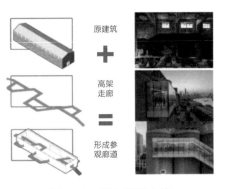

图 3.59 增加高架走廊

3.8.1.3 拆分部分建筑

通过对大体量建筑实施部分拆除的方式，使原有建筑变成两个新建筑和一个新的公共空间。将大体量的建筑分割，在功能的布局上没有局限性（图3.60）。

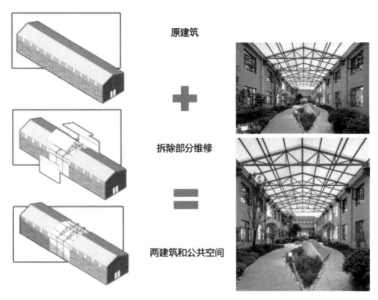

原建筑

拆除部分维修

两建筑和公共空间

图 3.60　拆分部分建筑

3.8.1.4 调整建筑内部布局

通过内部空间的层数重新划分，打造错落的新空间，形成表演和观赏空间，增加建筑的使用功能（图 3.61）。

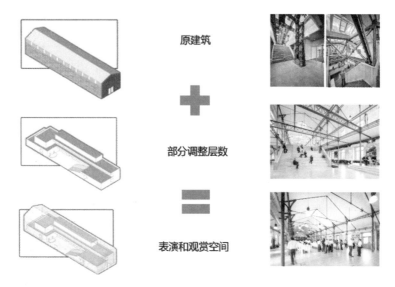

原建筑

部分调整层数

表演和观赏空间

图 3.61　调整建筑内部布局

3.8.1.5　增设楼梯和走廊

通过增加建筑外部走廊和楼梯，营造更多的公共交通，使得建筑内部交通更适应建筑的新功能（图 3.62）。

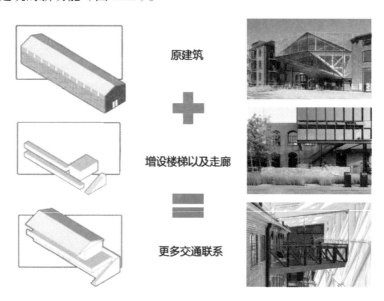

原建筑

增设楼梯以及走廊

更多交通联系

图 3.62　增设楼梯和走廊

3.8.1.6　增设穿行游廊

通过增加穿行游廊，使厂区里原本各自孤立的建筑被游廊连接，给人以高低错落的视觉感受，提升建筑可达性（图3.63）。

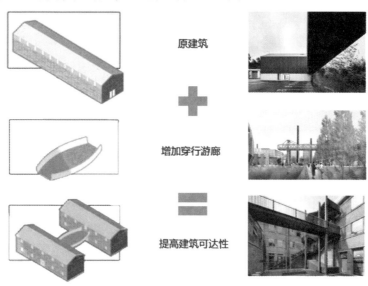

图 3.63　增设穿行游廊

3.8.1.7　拆除建筑部分屋顶和墙体

通过拆除墙体，改造屋顶采光形式，保留原有承重结构，打造新的开敞空间，使人们穿行建筑，游憩其中，感受不一样的光影空间（图3.64）。

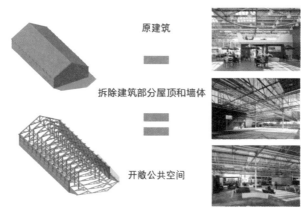

图 3.64　拆除建筑部分屋顶和墙体

163

3.8.2 建筑改造方向

3.8.2.1 影剧院

建筑结构特点：

（1）排架结构。

（2）建筑主要出口在山墙面。

（3）建筑总体长度为 57 米。

（4）总体跨度为 41 米。

（5）建筑高度约为 10 米。

留：保留建筑结构形式、建筑基本骨架，沿用原有建筑色彩。

改：建筑周围局部采用玻璃形式围合，改变建筑太实、太厚重的现状，增强建筑的通透性，产生更好的灯光效果；屋顶增加玻璃元素，增加建筑采光。

改造方向：利用建筑体型特点，将其改造为影剧院（图 3.65）。

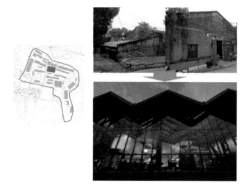

图 3.65　影剧院

3.8.2.2 图书馆

建筑结构特点：

（1）排架结构。

（2）建筑主要出口在正立面。

（3）建筑总体长度为 73 米。

（4）总体跨度为 18.6 米。

（5）建筑高度约为 12 米。

留：保留建筑结构形式、建筑基本骨架，沿用原有建筑色彩。

改：对建筑窗户样式进行改变，使其立面形式有适当的变化，增强建筑的通透性；适当增加屋顶采光。

改造方向：玻璃立面元素带来的较好采光形成较好的阅读条件，故将其改造方向确定为图书馆（图 3.66）。

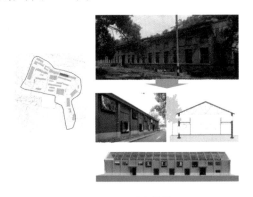

图 3.66　图书馆

3.8.2.3　演艺 + 艺术培训中心

建筑结构特点：

（1）排架结构。

（2）建筑主要出口在山墙面。

（3）建筑总体长度为 120 米。

（4）总体跨度为 41 米。

（5）建筑高度约为 10 米。

留：保留建筑结构形式、建筑基本骨架。

改：将建筑周围外墙面局部挖空，并改变其材质，增强建筑的通透性，改变建筑色彩；屋顶增加建筑采光，局部拆除屋顶，只保留骨架；对建筑进行适当"打断"，使其不至于过于呆板。

改造方向：根据其体量特点将其改造方向确定为演艺 + 艺术培训中心（图 3.67）。

图 3.67　演艺＋艺术培训中心

3.8.2.4　loft 办公建筑

建筑结构特点：

（1）排架结构。

（2）建筑主要出口在正立面。

（3）建筑总体长度为 73 米。

（4）总体跨度为 31 米。

（5）建筑高度约为 15 米。

留：保留建筑结构形式、建筑基本骨架、建筑原有色彩。

改：改变外墙窗户样式以美化建筑立面，同时增强建筑的通透性；屋顶增加玻璃以增加建筑采光；建筑入口处以及窗户增加构筑元素以丰富立面效果。

改造方向：商务 loft 办公建筑（图 3.68）。

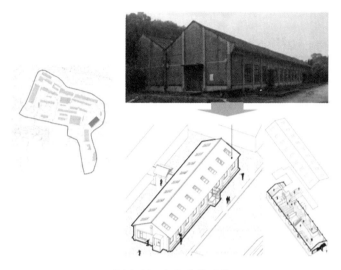

图 3.68　loft 办公建筑

3.8.3　建筑改造实例

3.8.3.1　改造方式一

变换窗户形式，减少或增加窗户。内部空间增加构筑物，如楼梯、隔板等，形成二层空间。变换材质，墙体或屋顶局部变换为玻璃材质，以增加采光或者形成丰富的里面形式（图 3.69）。

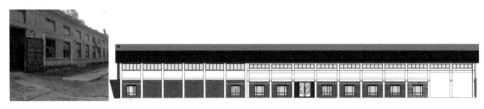

（a）建筑现状图　　　　　　　　　　　（b）改造后前视图

（c）改造后剖面图

（d）改造后透视图

图 3.69　改造方式一

3.8.3.2　改造方式二

变换窗户形式，减少窗户数量。内部空间增加构筑物，如楼梯、平台等，形成立体空间。变换材质，屋顶增加玻璃元素，增强建筑的通透性。建筑外立面增加构件以丰富建筑立面（图 3.70）。

（a）建筑现状图　　　　　　（b）改造后前视图

（c）改造后剖面图

（d）改造后透视图

图3.70　改造方式二

3.8.3.3　改造方式三

将建筑物主要以骨架的形式表现。屋顶局部露出骨架，局部覆盖玻璃或瓦。四面墙体拆除大部分，局部改造为玻璃立面（图3.71）。用途：景观修饰元素。

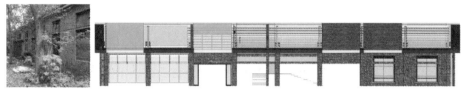

（a）建筑现状图　　　　　　　　　　（b）改造后前视图

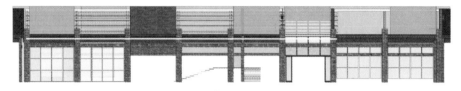

（c）改造后后视图

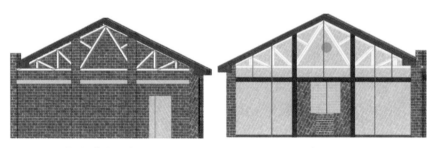

（d）改造后左视图　　　　　　　　　（e）改造后右视图

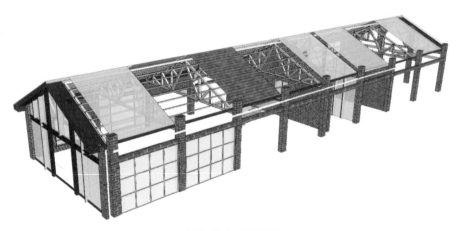

（f）改造后透视图

图 3.71　改造方式三

3.9　方案解析

3.9.1　总平面布局示意

图 3.72 是总平面布局示意图。

① 入口广场	⑬ 书画艺术馆
② 公园管理处	⑭ 观景平台
③ 体验馆	⑮ 公园管理处
④ 博物馆	⑯ 电影院
⑤ 艺术街	⑰ 摄影工坊
⑥ 文化阶梯	⑱ 手工制作体验馆
⑦ 展览商业	⑲ 儿童乐园
⑧ 台地景观	⑳ 主题民宿
⑨ 酒馆	㉑ loft办公
⑩ 展览商业	㉒ 后勤服务中心
⑪ 公园管理处	㉓ 童趣树屋
⑫ 音乐艺术馆	㉔ 真人CS体验区

图 3.72　总平面布局示意图

3.9.2　功能布局分析

以三线建设为背景，构建以文化体验为中心，集商购、办公、娱乐为一体的多功能文创园，使园区成为衔接富乐山公园的纽带。将厂区分为五个分区：创意办公区、展览商业区、坡地景观区、文化体验区、文化休闲区（图 3.73）。

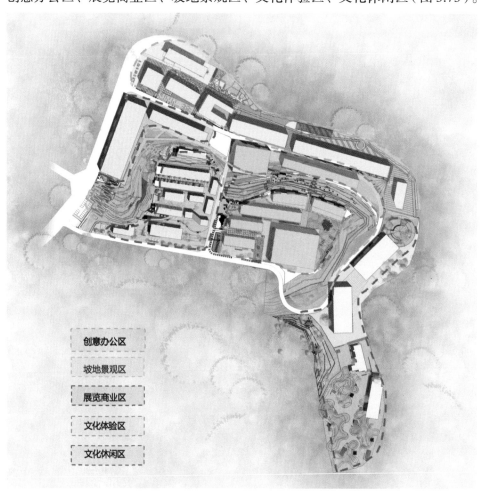

创意办公区

坡地景观区

展览商业区

文化体验区

文化休闲区

图 3.73　功能布局

3.9.3　道路交通分析

保留部分现有道路，根据地形设计线形人车分行道路，车行道路主要为货物车辆、办公人群服务，游览人群只可走人行道（图 3.74）。

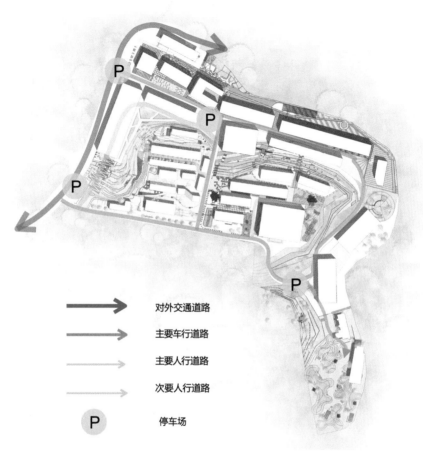

对外交通道路

主要车行道路

主要人行道路

次要人行道路

P　停车场

图 3.74　道路交通

3.9.4　景观结构分析

将自然高差作为景观高差设计的基础条件，利用高差设计台地景观（图 3.75）。在入口、功能转换处设置广场、公园等节点。结合真人 CS 场打造生态游戏乐园。

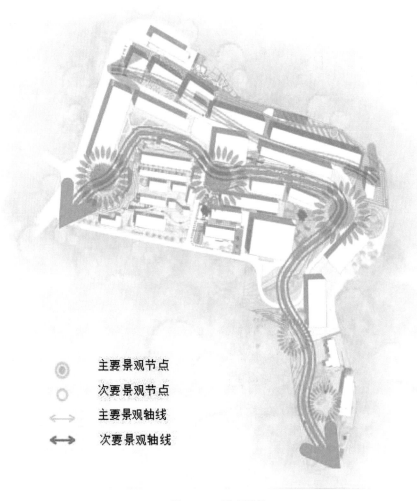

主要景观节点
次要景观节点
主要景观轴线
次要景观轴线

图 3.75　景观结构

3.9.5　鸟瞰图

图 3.76 是鸟瞰图。

图 3.76　鸟瞰图

3.9.6　透视图

图 3.77 是透视图。

图 3.77　透视图

3.9.7 剖面图

图 3.78 是剖面图。

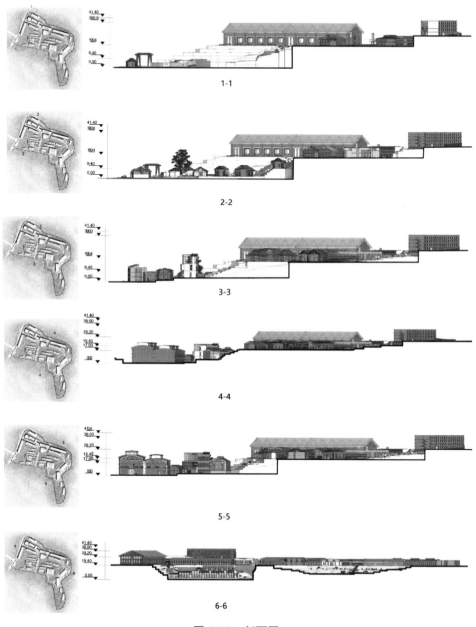

图 3.78　剖面图

4 三线建设工业遗产记忆场所保护与活化机制

随着城市化的快速发展，三线建设工业遗产保护已经成为很多城市发展不可回避的问题。协调各方利益，制定拯救与活化三线建设工业遗产记忆场所的运作机制与法规，规定三线建设工业遗产的分类保护技术与开发控制管理条例尤为必要。

（1）需健全法律法规。出台地方性法规，对工业遗产进行保护。如将工业遗产保护纳入城市设计，在控制性详细规划中落实保护、利用要求。

（2）完善保护管理体制。制定相关工业遗产保护与利用管理规定，明确由规划部门牵头，多部门联合管理，还可以建立统一的工业遗产保护委员会，统筹工业遗产保护和利用的管理。

（3）需探索融合性开发利用途径。鼓励工业遗产再利用与博览、科普教育、文化产业相结合，与文旅、生态环境建设相结合，承载城市发展新功能。

（4）采取多样化投资运营模式。探索工业遗产开发综合体模式，即投资者以整体开发或定制式开发的形式提供工业遗产产品，然后以租赁、转让或合资等方式进行项目经营和管理。

5 结 论

通过几年的调研以及特征、分类、活化研究等工作发现：四川三线建设工业遗产丰富，数量多，有 200 多项；分布广，广泛分布于四川各区域，或隐于崇山峻岭之间，或展示于辽阔平原之中；涉及的产业门类多，如电子、核工业、能源、建材、机械等；保护、再利用不理想，仅有少量三线建设工业遗产得以保护和再利用，如梓潼两弹城等得以再利用，仍有大量的三线建设工业遗产还孤零零地散落在乡间或郊区，或者逐渐被城市扩展取代；三线建设工业遗产建筑布局独特，功能丰富，形态具有典型特征，灰色、砖红色的外墙颜色以及苏式建筑结构及形态具有时代特征。三线工业非物质遗存丰富，如三线时期的标语、照片、档案等资料，当时的先进个人事迹等资料丰富，这些遗产具有很高的社会、经济价值，值得深入研究，加以保护和利用。

针对四川三线建设工业遗产的特征以及现在的保存和再利用情况，对工业遗产所在地政府提出几点建议：

（1）进一步加强对三线文化和三线精神的宣传教育。三线文化是指在三线建设中产生的所有物质、精神的生产能力和创造的物质、精神财富的总和，包含有形与无形两个部分。有形部分主要指三线建设成果、遗迹遗址、生产生活工具、资料文本等。无形部分包含三线建设故事以及其中蕴含的精神内涵等。

四川作为当年三线建设的重点，现在存有大量三线建设工业遗产，应加强对三线文化的宣传。

三线精神是指为国家、为人民、为社会主义现代化建设无私奉献、勇于付出的理想信念和家国情怀，是攻坚克难、奋发图强的斗争精神，这些精神被凝练为"艰苦创业、无私奉献、团结协作、勇于创新"十六个字，是治蜀兴川、实现中国梦不可或缺的精神力量，是需要传承与弘扬的民族精神与时代精神。学习三线精神，对当代青少年具有重要意义。

（2）推动对三线工业建筑遗产进行全面普查登记和价值评价。对本区域进行更详细的三线建设工业遗产调研，收集一手地形地貌、建筑、场地等物质空间资料，同时广泛对当时参与三线建设的群体（包括三线建设者、三线建设家属、支持三线建设的群众）进行访谈、问卷等，收集人物、事件等非物质资料，力图对人、事、物、场资料进行系统收集。

（3）对工业建筑遗址做好保护的同时，合理、科学地对其进行再利用。针对不同类型的三线建设工业遗产，提出重点保护与利用、一般保护与利用的名录，并组织相关人员为其制定保护与活化规划方案和策略。四川作为三线建设的重点，尚存有大量三线建设遗产，可以将三线建设工业遗产保护列入地方发展战略和发展规划，立法保护的同时，在工业遗产保护以及活化利用方面，结合乡村振兴、新型工业化、新型城镇化，促进三线建设工业遗产与时代发展相融合，形成生产、旅游、教育、文博、文创一体化的工业遗址文化旅游新模式，形成融入现代设计观念、适应现代生活方式的城市人文景观和公共开放空间，彰显城市地域文化特色，塑造城市文明新形象，结合三线建设工业遗产的文化特征，促进工业遗产的活化。